经济管理学术文库·管理类

矿山水文地质环境影响评价与保护管理

Mine Hydrogeological Environmental Impact Assessment
and Protection Management

梁　刚／著

U0255190

经济管理出版社
ECONOMY & MANAGEMENT PUBLISHING HOUSE

图书在版编目（CIP）数据

矿山水文地质环境影响评价与保护管理/梁刚著 . —北京：经济管理出版社，2020.1
ISBN 978 - 7 - 5096 - 7041 - 5

Ⅰ.①矿…　Ⅱ.①梁…　Ⅲ.①矿山地质—水文地质—地质环境—环境影响—评价—研究
②矿山地质—水文地质—地质环境—环境保护—研究　Ⅳ.①TD167

中国版本图书馆 CIP 数据核字(2020)第 021991 号

组稿编辑：张巧梅
责任编辑：张巧梅
责任印制：高　娅
责任校对：陈　颖

出版发行：经济管理出版社
　　　　　（北京市海淀区北蜂窝 8 号中雅大厦 A 座 11 层　100038）
网　　　址：www. E - mp. com. cn
电　　　话：(010) 51915602
印　　　刷：三河市延风印装有限公司
经　　　销：新华书店
开　　　本：720mm×1000mm/16
印　　　张：15
字　　　数：269 千字
版　　　次：2020 年 4 月第 1 版　　2020 年 4 月第 1 次印刷
书　　　号：ISBN 978 - 7 - 5096 - 7041 - 5
定　　　价：78.00 元

引　言

　　我国是矿产资源开发利用大国，矿山开采为国民经济提供了不可或缺的资源，但也带来了日趋严重的环境问题，尤其体现在水文地质资源的破坏方面，主要体现形式为地下水的水量损失和水质污染。而地下水资源是水资源的重要组成部分，具有水质洁净、温度变化小、不易被污染、分布广泛和可调节性等优点，在保障我国城乡居民生活、支撑社会经济发展、维持生态平衡、构建和谐社会等方面具有十分重要的作用。同时，地下水资源又是重要的环境要素，直接影响和改变着生态环境的状况。在我国，无论是在北方河流干涸的地区，还是在南方远离河流的位置，地下水均成为主要的水源。因此，如何评价矿山开发对水文地质资源的环境影响，并提出有针对性的环境保护管理措施对保护矿山周边的生态环境，具有重要意义。

　　因此，本书的内容围绕矿山水文地质环境影响评价及其保护管理两部分展开，并采用了理论阐述与实例分析相结合的叙述方式，尤其突出实例分析的内容，从而使相关理论更加形象易懂。矿山按开采方式不同，主要分为两种：井工矿和露天矿。地下水环境保护主要有两个范畴：一是对地下水水量的保护；二是对地下水水质的保护。本书分别阐述了井工矿和露天矿的地下水水量、水质保护管理方法。

　　全书共分六章，第一章介绍了水文地质环境影响评价的方法；第二章介绍了我国水文地质环境影响评价标准体系；第三章以某铁矿为例进行了环境影响实例分析；第四章介绍了运营期露天矿和井工矿的水文地质环境保护管理方法；第五章、第六章分别就露天矿和井工矿闭矿后的生态修复模式进行了实例分析。本书涉及的所有案例及其分析结论，均来自笔者在博士和博士后期间在导师的指导下取得的研究成果。

　　本书对我国矿山开发建设项目今后的水文地质资源保护、地下水资源开发利用、地下水污染防治以及环境保护管理决策等方面，具有理论和实践两方面的参考价值。

目　录

第一章　水文地质环境影响评价方法

第一节　矿山开采对水文地质环境的主要影响

地下水资源水质良好，开采便利而且分布广泛，是水资源的重要组成部分，既可以为工农业用水提供优质水源，也可以保障城市和农村的生活用水，对保护生态平衡和保证社会经济可持续发展都起着重要的作用。但是，近年来随着经济建设的高速发展，人口增长迅速，人们对地下水资源的需求也在急剧增加，在人们开发利用地下水资源的同时也改变着地下水环境，直接或间接地造成了地下水环境的各种问题。

近年来我国矿山开采业突飞猛进的发展，使矿山已成为我国重要的环境污染源。在矿山开发的过程中，对地下水的破坏和污染比较严重。尤其是采矿产生的矿渣废弃物造成大量有害物质沉积地表并通过各种途径进入含水层，污染地下水，造成矿山地区生态环境的破坏。矿山资源的开发利用会对周围地区的地下水环境造成一系列的影响，这些影响主要包括以下两个方面：

一、地下水水量的损失

在矿山施工和开采的过程中，不可避免地会破坏矿山地区的地下水均衡系统。首先，矿山的开采会在一定程度上造成含水层结构的破坏，进而会导致该地区地下水资源的部分流失，进而引起水位的下降、疏干、山沟及地表水体的断流、干枯，泉水干涸，浅层水资源大面积枯竭，甚至可能导致地下水资源的枯竭。这对矿山所在地区的农田、农作物以及居民饮用水会产生巨大的影响。

二、地下水水质的污染

矿山的采掘生产活动需排放各类废弃物，如矿坑水、废石和尾矿等。由于这些废弃物的不合理排放和堆存，对矿区及其周围地下水环境构成了严重的危害，污染物质直接入渗，或随着矿区降水渗滤、浸泡后形成渗滤液再入渗，进入矿区地下水含水层，将会严重污染该地区的地下水资源，这种污水如未经处理，任其长期对外排泄，将对地下水环境产生极为不利的影响。如果不采取有力措施加以防治，矿山疏干排水与周围地区工农业用水之间的矛盾将会日益突出，采矿区、尾矿堆和工业场地所造成的不同程度的地下水环境污染，也将影响到矿区及周边地区的正常生产和生活环境。因此，在矿山开采建设项目中注重地下水环境的影响和评价，制定经济可行的地下水环境保护方法，具有重要的意义。

因此，目前的水文地质环境影响评价主要分两个部分：地下水水量影响评价和地下水水质影响评价，下面两节分别予以介绍。

第二节　地下水水量影响评价方法

一、国内外研究现状

国外该领域的研究主要针对数值模拟法的薄弱环节，提出新的思维方法，采用新的数学工具，合理地描述地下水系统中大量的不确定性和模糊因素。Anderson 等提出，要建立一个正确的、有意义的地下水系统数值模型，应建立以下工作程序：确定模型目标，建立水文地质概念模型、数学模型，模型设计及模型求解，模型校正，校正灵敏度分析，模型验证和预报，预报灵敏度分析，模型设计与给出模型结果，模型后续检查以及模型的再设计。Ewing 提出地下水污染流模拟和建模需要强调三个方面的问题：①有效地模拟复杂的流体之间以及流体与岩石之间的相互作用；②必须发展准确的离散技术，保留模型重要的物理特性；③发挥计算机技术体系的潜力，提供有效的数值求解算法。Li Shu Guang 等指出数值模型还不能解决预报的不确定性因素问题，并开创性地提出一种随机地下水模型（Nonstationary Spectral Method），可以解决均值分布和小尺度过程的不同尺度问题。Mehls 等提出二维局部网格细分法的有限差分地下水模型，提供了新的插值和错误分析的方法。数值模型模拟结果的可靠性得到了提高。

我国地下水数值模拟起步较晚，开始于 20 世纪 70 年代，但经过 20 多年来数学工作者（肖树铁、谢春红、孙纳正、陈明佑、杨天行等）和水文地质工作者（林学任、朱学愚、薛禹群、陈崇希、王秉忱等）以及科研院所的共同努力，现在已经接近或达到国际水平（薛禹群，1997）。王秉忱等率先在 20 世纪 80 年代初于山东省济宁市主持进行地下水质模拟试验研究获得成功，建立了我国第一个地下水质模型，他主持的中英合作项目"内蒙古腰坝沙漠绿洲环境——咸水入侵的控制"，为内陆地区地下咸水侵入淡水含水层的机理与控制方法研究树立了典范。陈家军等指出在进行区域地下水位估值时线性漂移的泛克立格法即可取得很好的效果。卞锦宇等较好地解决了相对隔水层缺失区越流系数无法调适的问题。武强等通过对地下水系统数值模拟的研究分析，抽象出空间类层次结构，并提出了基于属性关系的宏观拓扑结构和基于同构或异构几何模型关系的微观拓扑结构，用三维空间拾取技术提供了友好的人机交互环境。魏连伟等基于模拟退火算法（SA）这一全局优化技术，耦合地下水系统数值模拟的有限元模型，给出水文地质参数的反演方法。经过二十五六年的发展，地下水模拟在我国经历了从无到有、从简单的水流模型到比较复杂的物质和热量运移模型。从仿制到独立研制，再到最后走向世界的艰难发展历程。

二、主要评价方法

（一）数值模拟

地下水水量评价主要采用数值模拟方法。根据一定的数学模型在电子计算机上用数值法模拟地下水的运动状态称为数值模拟。1956 年，斯图尔曼（R. W. 5t Allman）开始将数值法应用于水文地质计算。20 世纪 60 年代华尔顿（W. C. Walton）首次将电子计算机引入水文地质数值模拟，解决了数值法中繁杂的数据计算问题。此后，随着电子计算机技术的广泛使用，数值计算方法在水文地质学中的应用得到了进一步的推广，使一些复杂地下水流的模拟成为可能，在水文地质概念模型中越来越多地保留了实际地下水系统的自然特性，先后研发了多种模型。

地下水数值模拟的基本思想是以地下水运动微分方程的定解问题为基础，将描述地下水系统状态的连续函数在时间、空间上离散化，求得函数在有限节点（或结点）上的近似值。数学上可以证明，只要在时间、空间上离散的足够小，就一定能满足精度要求。只要近似值能满足精度，即可用于进行地下水资源评价。

数值法可以解决复杂水文地质条件和地下水开发利用条件下的地下水资源评价问题，如非均质含水层、各类复杂边界含水层、多层含水层地下水开采问题等；可进行地下水补给资源量和可开采资源量的评价；可以预测各种开采方案下地下水位的变化，即预报各种条件下的地下水状态。

模拟地下水系统指的就是建立（Construct）和运行（Operate）能代表实际含水层行为的模型（James W. Mercer & Charles R. Faust, 1981）。地下水模型是一种能帮助分析许多地下水问题的工具。其数学模型是指一个或几个描述地下水系统的数学方程式，该方程式可以表示所研究地区特定条件（初始条件、边界条件）下地下水的运动状况。例如，对以下这一数学模型进行运算就能再现或预测地下水系统的演化趋势。地下水数值模型还是地下水管理的决策辅助工具，可作为分布参数地下水管理模型的基础。它可以成功地用来预报水质和水量变化，以及海水入侵、污染扩散、地面沉降等；地下水管理模型则是要在追求地下水系统状态最佳的目标下确定地下水系统的最优开采方案，目前国内外常将地下水数值模拟模型与管理模型有机地结合在一起，确保寻优过程既服从地下水系统自身的规律，又可使既定目标函数最优（林学钰，1983）。

$$
\begin{cases}
S\dfrac{\partial h}{\partial t} = \dfrac{\partial}{\partial x}\left(K_x\dfrac{\partial h}{\partial x}\right) + \dfrac{\partial}{\partial y}\left(K_y\dfrac{\partial h}{\partial y}\right) + \dfrac{\partial}{\partial z}\left(K_z\dfrac{\partial h}{\partial z}\right) + \dfrac{h_s - h}{\sigma} + \varepsilon & x,\ y,\ z\in\Omega,\ t\geqslant 0 \\[3mm]
\mu\dfrac{\partial h}{\partial t} = K_x\left(\dfrac{\partial h}{\partial x}\right)^2 + K_y\left(\dfrac{\partial h}{\partial y}\right)^2 + K_z\left(\dfrac{\partial h}{\partial z}\right)^2 - \dfrac{\partial h}{\partial z}(K_z + p) + p & x,\ y,\ z\in\Gamma_0,\ t\geqslant 0 \\[3mm]
h(x,\ y,\ z,\ t)\big|_{t=0} = h_0 & x,\ y,\ z\in\Omega,\ t\geqslant 0 \\[3mm]
\dfrac{\partial h}{\partial\vec{n}}\bigg|_{\Gamma_1} = 0 & x,\ y,\ z\in\Gamma_1,\ t\geqslant 0 \\[3mm]
K_n\dfrac{\partial h}{\partial\vec{n}}\bigg|_{\Gamma_2} = q(x,\ y,\ t) & x,\ y,\ z\in\Gamma_2,\ t\geqslant 0
\end{cases}
$$

用地下水数值模拟方法评价地下水资源的步骤如图 1-1 所示。

电子计算机在科学技术发展中的应用越来越广泛，也逐渐应用于地下水水量水质评价中流场变化及溶质运移等方面的数值模拟计算。最近几年，对地下水环境的预测分析研究模型现在已经比较成熟，相关的模拟软件也发展迅速。国际上常用的地下水数值模拟软件有基于有限单元法的 Visual MODFLOW 和 FEFLOW（Finite Elementsubsurface FLOW System）、基于有限差分的 GMS（Groundwater Modeling System）和 PMWIN（Procee - ding MODFLOW for Window）等。目前的地下水数学模型应用于地下水水量水质评价，也存在如下一些问题：地下水数学模型对水文地质资料的精确度要求很高，但实际往往得不到所需要的水文地质资料，降低了模拟结果的可靠度；而且往往没有考虑浅层地下水与深层地下水之间存在的越流补给关系。对于模型的率定资料，理想中应该用多年的长系列数据进行校验，但实际上难以获得；忽视对地下水水量、水位的关系研究；将地下水与地表水割裂开来单独考虑，缺乏系统观念。尽管还存在一些不完善的方面，但地下水数学模型可以显著地改进地下水水量水质评价的定量分析能力，而且目前也在逐渐完善中，将来还会有更广阔的应用前景。

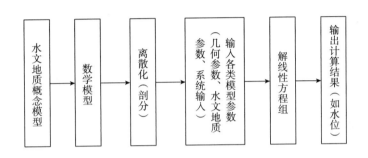

图 1-1　地下水数值模拟计算流程

（二）计算方法

计算方法主要有以下几种：

1. 有限差分法

有限差分法（Finite – Difference Method，FDM）最早使用于工程科学中，20世纪 40 年代后期开始应用于解决土工渗流问题。但由于用差分法求解微分方程需要大量的运算工作，所以有限差分法真正应用于流体力学是在计算机容量和速度高速发展的 20 世纪 60 年代以后，如（Pinder，Bredehoeft，1968）将（Peaceman，Rachford，1955）提出的交替方向隐式方法用于地下水的计算，稍后又引入强隐式（Stone，1968；Trescott，1977；李竞生，1982），这些方法具有占用内存少、计算速度快等优点，对地下水流流向的定量模拟起到了促进作用。

但是由于有限差分法在拟合自然边界及非均质界限时灵活性较差，因此对于地下水流容易突变部位往往难以满足。经过研究，1964 年 Tyson 及 Weber 成功地把不规则网格有限差分法用于美国加利福尼亚州的含水层模拟中。国内学者（张宏仁、李俊亭，1982）对不规则有限差分法的推导、论证及推广应用做了大量工作，解决了许多实际问题。不规则有限差分法的出现，克服了规则网格差分法在拟合自然边界及非均质界限上的不足，丰富了有限差分方法的理论。

2. 有限单元法

有限单元法（Finite – Element Method，FEM）由我国数学家冯康 1965 年创建，该方法于 20 世纪 60 年代后期开始应用于地下水流计算中，如（Zinekiewicz，1966）把有限元用于二维稳定流计算，1968 年 Jevendel 等进一步用有限元方法解决非稳定流问题；1972 年引入等参有限元，1976 年 Capta 等用三维等参数有限元法对多层地下水盆地进行了数值模拟。

接着，张宏仁、李俊亭（1979）发现了有限元法求解地下水流问题时不满足局部质量守恒，Neuman、Narasihuhan（1977）亦发现由于释水矩阵的非对角性所构成的缺点，提出了相应的改进措施。这样简化了计算，加强了总系数矩阵主对角线的优势，提高了计算的效率，避免了不规则网格有限差对均衡区域面积的复杂计算以及对三角形剖分内角的限制。

3. 边界单元法

边界单元法（Boundary Element Method，BEM）是 20 世纪 70 年代英国南安普敦大学土木工程系首创的。很多学者（谢春红，1987；Yin Shang Xian，2002）对用边界元法求解井流、非均质渗流、自由面地下水流、非稳定流、溶质运移等问题从理论和实际都进行了积极探索，并取得了成功。

4. 有限分析法

国内学者陈雨孙等对有限分析法（Fintie Analytic Method）进行了研究和详细的论述，王文科等应用此方法解决了承压含水层向井非稳定流动的水文地质问题。随着计算机技术和应用数学的发展，许多学者把运筹学中最优化技术引入逆问题求解模型中。应用数学方法不断地被广泛引入参数识别模型中，使反演求参模型不断地发展。

（三）发展趋势

综观最近几年国内外相关科研工作者的研究进展，对将来地下水数值模拟的发展趋势概括如下：

1. 与其他学科的交叉研究

目前学术领域相互交叉，学科之间的界限相互突破，其中一些方法和技术也可解决相近领域的问题。如引入地下水研究领域的有"3S"技术、同位素技术、运筹学、人工神经网络、模糊数学、灰色理论等。例如，模型与地理信息系统（GIS）集成，充分发挥模型在表征和再现地下水系统方面的模拟预测能力，同时借助 GIS 的数据管理和空间分析能力，将为地下水资源评价与管理提供强有力的工具。但由于地下水建模前期数据准备过程复杂，目前 GIS 在地下水资源评价中的应用还主要局限于数据管理和计算结果表达等方面。

自 20 世纪 70 年代，美国田纳西流域管理局利用 GIS 技术处理和分析各种流域数据，为流域管理和规划提供决策服务，GIS 开始应用于水文学及水资源管理。在国内，地下水模型与 GIS 集成时，地下水模型常选用 MODFLOW 和 FE-FLOW，GIS 软件既有用国外的 ArcGIS，也有用国产的 MapGIS。如陈锁忠、黄家柱等（2004），杨旭、黄家柱等（2005），陈锁忠、闾国年等（2006）将 MODF-LOW 与 ArcGIS 集成；魏加华、王光谦等（2003），刘明柱、陈艳丽等（2005）利用 FEFLOW 与 ArcGIS 集成；周德亮、丁继红等（2002），刘继朝、杨齐青等（2005）将 MODFLOW 和 MapGIS 集成。

2. 进一步研究模型耦合

将不同的模型耦合起来运用，可以有效地指导联合研究和实际应用。早在 1994 年，薛禹群、谢春红等将地下水运动的水流模型与一个描述含水层中热量运移的热量输运模型耦合在一起；武汉大学的林琳、杨金忠等于 2005 年研究了区域饱和—非饱和地下水流运动数值模拟；还有地表水模型和地下水模型耦合（石玉波、朱党生，1995）；水流模型和溶质运移模型耦合；作物模型和水文模型耦合（罗毅，2004）；包气带物质运移与地下水作用的耦合（杨建锋、万书勤等，2005）等。

3. 加强时空尺度转换的研究

理论研究与实践表明，不同时间或空间尺度的地下水系统规律存在较大的差异，一个典型的例子就是微观尺度地下水实验中获得的水文地质参数，往往不能直接应用在流域尺度的地下水模型中。反过来，宏观尺度的水文气象背景值也不能直接套用在时空变异性很大的局域地下水模型中。目前的问题是，地下水模拟研究选择多大的尺度比较合适？如何实现不同时空尺度成果的转化？人们将大尺度向小尺度的转化称为"顺尺度"转化（Downscaling），小尺度向大尺度的转化称为"逆尺度"转化（Upscaling）。这两种转化都不是一件容易的事情。在对待"顺尺度"这个问题上，第一种方法是把大尺度模型的网格尺度减得更小，以满足小尺度模型的衔接需要；第二种方法是把尺度较小的网格仅用于感兴趣的那些区域或时段，而对其他区域或时段仍采用较大尺度的网格；第三种方法是把那些感兴趣的区域或时段所建立的小尺度模型嵌套到较大尺度的模型中，实现不同尺度模型的混合计算。"逆尺度"的计算常是对较小尺度建立的模型进行均化和再参数化。

对大尺度区域进行研究可以把握研究区的主要特征，当有的小尺度区域需要重点强调和突出时，在地下水模型中常使用模型嵌套技术，这样既减少了一定的工作量，又详细刻画了重点区域。嵌套技术是用于基于有限差原理的问题，主要有两种：低维模型中嵌套高维模型和粗网格中嵌套细网格。在既满足精度要求，又节省工作量的前提下，在大尺度的低维模型中嵌套重点区域的高维模型是十分有效的方法。在需要细致研究地下水特征的典型地段，可以采用在粗网格中嵌套细网格的技术。

4. "异参同效" 问题

所谓"异参同效"，是指对于相同的模型结构和相同的模型输入，会有多个最优参数组使所获得的模型输出具有相同的拟合精度。在地下水数值模型中出现"异参同效"的原因至少有：模型中包含的参数之间存在相互补偿作用；模型参数具有随机性。

地下水数值模拟模型可以识别水文地质参数。经过水文地质识别后的模型应用到其他年份往往会出现较大误差，这说明对地下水系统结构和参数的认识还不够准确。当模型反演求参时，解的不唯一问题一直是地下水模型数学基础薄弱的环节，亟待在日后的研究中予以解决。

5. 模型前期勘探工作

计算机技术的广泛应用，实现了地下水系统的数值模拟，对所需野外资料的要求越来越高。但是，部分模拟工作者重模型研究，轻水文地质条件分析，建立模型不重视地质条件的调查研究，从而不能正确建立该地区的水文地质概念模型。著名地下水模拟学者 M. Anderson、W. Woessner（1992）说得很贴切："预报不准是由于模拟者的疏忽，而非模型"，"模型预报未来失败不是由于模型中数值的或理论上的缺陷，或者更确切地说，预报中的错误是由于概念模型中有错。通过收集新的野外资料，继续改进概念模型将会改善数值模型"。

第三节　地下水水质影响评价方法

一、国内外研究现状

西方发达国家在 20 世纪五六十年代出现的环境污染使地下水环境质量评价

出现第一次高潮，1964 年在加拿大召开的国际环境质量评价会议和 1965 年美国俄亥俄州河流卫生委员会的 R. Khorotu 等分别提出了"环境质量评价"概念和水质评价的指数体系，两项工作都是里程碑式的。1969 年，美国又有标志人类对环境问题认识重大飞跃的举措——通过立法建立了环境质量评价制度。随后，地下水环境的研究工作越来越受到重视，评价体系及方法正日臻完善。我国于 2012 年颁布了《中华人民共和国国家环境保护标准——地下水环境影响评价技术导则》，对地下水环境影响评价工作做出了详细的规范和指导。在环保管理研究方面，地下水保护的理念也越来越受到重视，有学者在煤矿环评与环保验收互动机制研究中，提出了矿井水净化后排到自然界，重新参与水循环的生态恢复理念（Gang Liang，2011）。

我国最早的地下水污染调查评价工作能够追溯到 20 世纪 70 年代。当时，主要是开展无机测试。测试技术水平较低。一直到 20 世纪 90 年代，我国尚未开展过专门的针对地下水污染的系统调查工作，对地下水影响较大的有毒有机污染物质的时空分布特征及其在地下环境中的运移性能了解得远远不够。目前，我国关于地下水污染的调查数据仍不充分，全国污染总体状况不明。

二、主要评价方法

（一）评价指标

目前，在城市地下水污染评价中，大多采用对挥发酚。氰、汞、铬、砷（称为工业污染质）、硝酸、亚硝酸和氨氮（称为农业和生活污染）7 项污染质的评价。经常采用的指标有：

（1）检出率：检出率（%）＝检出点总数 P ÷监测点总数；

（2）超标率：超标率（%）＝超标点数 P ÷检出点总数；

（3）超标倍数：超标倍数＝超标点某物质的含量 P ÷该物质的饮用水质标准。

一般认为，上述各项污染质在地下水中的检出率和超标率越高。超标倍数或污染指数越大，说明地下水污染越重，反之则轻。

（二）计算方法

1. 综合指数评价法

综合指数评价法较常用，方法很多，主要有简单求和法、算术平均法、几何均值法、F 值评分法、内梅罗指数法等。

首先确定单项污染指数（P_i），即

$P_i = C_i / C_{oi}$

式中：P 为单项污染指数；C_i 为 i 指标的实测浓度（m/l）；C_{oi} 为 i 指标的标准浓度；$i = 1, 2, 3, 4, \cdots, n$ 为指标项数。

（1）简单求和法。

$$P = \sum_{i=1}^{m} P_i$$

（2）算术平均法。

$$P = \frac{1}{m} \sum_{i=1}^{m} P_i$$

（3）几何均值法。

$$P = \sqrt{P_i \cdot P_{avg}}$$

（4）平方和之平方根法。

$$P = \sqrt{\sum_{i=1}^{m} P_i}$$

（5）F 值评分法。

$$F = \sqrt{\frac{\bar{F}^2 + F_{max}^2}{2}}$$

（6）内梅罗指数法。

$$P = \sqrt{\frac{(\max P_i)^2 + \left(\frac{1}{n} \sum_{i=1}^{n} P_i \right)}{2}}$$

在实际应用中，我国科研工作者对更完善的内梅罗（N. L. Nemerow）指数评价方法做了一些探讨，例如李金海等提出了多指标的综合评价方法，第一，在计算超标率时，应用监测点的总数代替检出点总数；计算污染指数时，宜用污染起始值代替饮用水水质标准。第二，求出所有污染质的平均检出率、平均超标率、平均超标倍数以及平均综合污染指数。第三，利用上述平均指标和污染质的监测项数以及超标项数参照统一标准，对城市整体地下水的污染程度进行评价。第四，利用综合污染指数和污染质的监测项数对地下水的污染程度进行分区。第五，采用工业和生活污染质的污染指数占综合污染指数比重的大小来确定地下水的污染类型。第六，根据单项污染质的平均污染指数、检出率、起标率和平均超标倍数的大小来确定污染质的主次。肖长来提出了均值化综合污染指数法。即用上述传统方法所得的综合污染指数，经过均值化（除以相应方法所求得的综合污染指数之平均值）后而得到的新的综合污染指数。于开宁使用双权均值法对石家庄市地下水盐污染做了评价。潘国营等应用 SPSS 统计软件和污染指数法评价了濮阳市地下水污染。

2. 灰色理论评价法

灰色理论评价法是我国学者邓聚龙提出的一种新的不确定性分析方法，在地下水污染评价方面最常用的方法有灰色聚类评价法、灰色局势决策评价法和灰色关联度法等。

灰色聚类评价法首先确定灰类白化系数，标定聚类权，求出聚类系数，最后确定灰色聚类，灰色聚类最大值所对应的水质级别即为评价水体的水质级别。

灰色局势决策评价法首先确定质量分级和效果测度，然后计算标准决策矩阵，最后选择最优局势，得到最佳决策，即代表了监测点水质的最优级别。

灰色关联度评价过程中选取某参数序列为参考序列，多个因子的参数序列为比较序列，即可求出各比较序列与参考序列的关联度。据关联度的最大值就可以获得与参考序列最接近的比较序列。在进行地下水污染分级评价时，选择评价对象的评价因子实测值为参考序列，水体质量的分级标准为比较序列，则可求出多个关联度，与比较序列关联度最大的参考序列所对应的级别，就是待评地下水质量的所属等级。

3. 人工神经网络分析法

人工神经网络的分析结果和过程接近人脑的思维过程和分析方法，具有传统数学地质方法所不具有的处理非线性地质问题的能力。人工神经网络模型有数十种，较典型的是 BP 网络、Hipfield 网络及 CPN 网络等。其中 Rumelhart、Mcclelhand 等提出的误差反向传播方法 BP（Back Error Propagation）的 BP 神经网络模型在地下水污染评价中应用最为广泛。它有较高的预测精度，为地下水污染的定量评价提供了一种新的方法。陈昌彦等运用人工神经网络方法，建立了地下水水质模型，对水质污染程度进行了评价，研究表明，神经网络具有较强的处理相互矛盾样本的能力。

4. 水质模拟方法

水质模拟方法是指在地下水数值模型的基础上，预测评价地下水污染物的迁移转化、富集规律等。李晓颍等利用所建地下水模拟模型评价了三门峡市地下水水质污染。预报了现状开采条件下 3 年后的总硬度和 Cl—等值线图。

5. 模糊数学法

传统的模糊综合评判法应用较广的是：

$B = A \cdot R$

式中：A——参评因子归一化处理得到的矩阵；

B——模糊关系矩阵；

R——综合评判结果，矩阵形式。

计算过程需要选择评价因子、确定水质标准、计算单因子隶属度、对模糊权重归一化处理。传统评价法评价因子的选择具有很大的人为性，缺乏理论依据和客观性，该法要求严格的地下水水质评价，其理论严密、评价结果客观，更加逼近地下水水质的实际状况，但计算较复杂。

此外，尚有模糊模式识别法，创建了相对隶属度的概念，使评价过程更符合实际，但在地下水污染评价中应用不多，需进一步探讨。

第二章 我国水文地质环境影响评价标准体系

第一节 我国环境标准体系结构

环境标准是对环境保护工作中需要统一的各项技术规范和技术要求所作的规定，目的是防治环境污染、维护生态平衡、保护人群健康。我国的环境标准分为国家级和地方级。国家级包括国家环境质量标准、国家污染物排放标准（或控制标准）、国家环境监测方法标准、国家环境标准样品标准、国家环境基础标准以及国家环境保护行业标准。地方级包括地方环境质量标准和地方污染物排放标准。

一、国家环境保护标准

（一）国家环境质量标准

国家环境质量标准是为了保障人群健康、维护生态环境和保障社会物质财富，并考虑技术、经济条件，对环境中有害物质和因素所作的限制性规定。国家环境质量标准是一定时期内衡量环境优劣程度的标准，从某种意义上讲是环境质量的目标标准。

（二）国家污染物排放标准

国家污染物排放标准也叫控制标准，是根据国家环境质量标准，以及适用的污染控制技术，并考虑经济承受能力，对排入环境的有害物质和产生污染的各种因素所做的限制性规定，是对污染源控制的标准。

（三）国家环境监测方法标准

国家环境监测方法标准为监测环境质量和污染物排放，规范采样、分析、测试数据处理等所做的统一规定（是指分析方法、测定方法、采样方法、试验方法、检验方法、操作方法等所做的统一规定）。环境监测中最常见的是分析方法、测定方法、采样方法。

（四）国家环境标准样品标准

国家环境标准样品标准为保证环境监测数据的准确、可靠，对用于量值传递或质量控制的材料、实物样品，而制定的标准物质。标准样品在环境管理中起着特别的作用：可用来评价分析仪器、鉴别其灵敏度；评价分析者的技术，使操作技术规范化。

（五）国家环境基础标准

国家环境基础标准对环境标准工作中需要统一的技术术语、符号、代号（代码）、图形、指南、导则、量纲单位及信息编码等所做的统一规定。

（六）国家环境保护行业标准

除上述环境标准外，在环境保护工作中对还需要统一的技术要求所制定的标准（包括执行各项环境管理制度、监测技术、环境区划、规划的技术要求、规范、导则等）。环境影响评价技术导则一般可分为各环境要素的环境影响评价导则、各专项或专题的环境影响评价导则、规划和建设项目的环境影响评价导则等。

二、地方环境保护标准

地方环境标准是对国家环境标准的补充和完善。由省、自治区、直辖市人民政府制定。近年来为控制环境质量的恶化趋势，一些地方已将总量控制指标纳入地方环境标准。

（一）地方环境质量标准

国家环境质量标准中未作出规定的项目，可以制定地方环境质量标准，并报国务院行政主管部门备案。

（二）地方污染物排放（控制）标准

地方污染物排放（控制）标准也称控制标准，包含以下三个方面：①国家污染物排放标准中未作规定的项目可以制定地方污染物排放标准；②国家污染物排放标准已规定的项目，可以制定严于国家污染物排放标准的地方污染物排放标准；③省、自治区、直辖市人民政府制定机动车船大气污染物地方排放标准严于国家排放标准的，须报经国务院批准。

国家环境保护标准分为强制性和推荐性标准。环境质量标准和污染物排放标准以及法律、法规规定必须执行的其他标准属于强制性标准，强制性标准必须执行。强制性标准以外的环境标准属于推荐性标准。国家鼓励采用推荐性环境标准，推荐性环境标准被强制标准引用，也必须强制执行。

三、环境标准之间的关系

（一）环境标准体系的体系要素

一方面，由于环境的复杂多样性，这使在环境保护领域中需要建立针对不同对象的环境标准，因而它们各具有不同的内容用途、性质特点等；另一方面，为使不同种类的环境标准有效地完成环境管理的总体目标，又需要科学地从环境管理的目的对象、作用方式出发，合理地组织协调各种标准，使其互相支持，相互匹配以发挥标准系统的综合作用。

环境质量标准和污染物排放标准是环境标准体系的主体，它们是环境标准体系的核心内容，从环境监督管理的要求上集中体现了环境标准体系的基本功能，是实现环境标准体系目标的基本途径和表现。

环境基础标准是环境标准体系的基础，也是环境标准的"标准"，它对统一、规范环境标准的制定、执行具有指导的作用，是环境标准体系的基石。

环境方法标准、环境标准样品标准构成环境标准体系的支持系统。它们直接服务于环境质量标准和污染物排放标准，是环境质量标准与污染物排放标准内容上的配套补充以及环境质量标准与污染物排放标准有效执行的技术保证。

（二）国家环境标准与地方环境标准的关系

在国家环境标准与地方环境标准的执行次序上，地方环境标准要优先于国家环境标准执行。

（三）污染物排放标准之间的关系

国家污染物排放标准分为跨行业综合性排放标准（如污水综合排放标准、大气污染物综合排放标准）和行业性排放标准（如火电厂大气污染物排放标准、合成氨工业水污染物排放标准、造纸工业水污染物排放标准等）。综合性排放标准与行业性排放标准不交叉执行，即有行业性排放标准的执行行业排放标准，没有行业排放标准的执行综合排放标准。

第二节　我国环境影响评价概念与工作程序

一、我国环境影响评价概念

环境影响评价的概念于 20 世纪 60 年代提出，与环境问题的出现相比明显滞后。环境影响评价是指对拟议中的建设项目、区域开发计划和国家政策实施后可能对环境产生的影响后果进行的系统性识别、预测和评估。环境影响评价的根本目的是鼓励在规划和决策中考虑环境因素，最终达到更具环境相容性的人类活动。环境影响评价是一循环的和补充的过程，其重点在决策和开发建设活动开始前。它一般分为环境现状质量评价、环境影响预测和评价以及环境影响后评估。大部分学者认为环境影响评价有四种基本的功能：判断功能、预测功能、选择功能和导向功能，其功能充分体现在评价的基本形式中。其中，在人为活动中，导向功能在环境影响评价中最为重要、处于核心地位。一般认为评价的基本形式有：①以人的需要为尺度，对已有的客体做出价值判断；②以人的需要为尺度，对将形成的客体价值做出判断；③将同样都具有价值的客体进行比较，确定其中哪个是更具有价值、更值得争取的，将其称为对价值程度的判断。

对于环评的重要性，多数学者达成共识，认为它是一项技术，是正确认识经济、社会和环境发展之间相互关系的方法，是强化管理的有效手段，对确定经济发展方向和保护环境等一系列重大决策都有重要作用，具体有四个方面：①保证项目选址和布局的合理性；②指导环境保护设计，强化环境管理；③为区域的社会经济发展提供导向；④促进相关环境科学技术的发展。

为使环境影响评价这一科学方法和技术手段有效实施，已有多个国家建立了环境影响评价制度。2003年9月1日，《中华人民共和国环境影响评价法》正式实施，在我国确立了环境影响评价制度。

二、我国环境影响评价工作总体程序

　　环境影响评价工作程序大体分为三个阶段，分别为准备阶段、正式工作阶段和报告书编制阶段。其中正式工作阶段步骤如下：

　　（一）工程分析

　　工程分析的工作内容原则上是应根据建设项目的工程特征，包括建设项目的类型、性质、规模、开发建设方式与强度、能源与资源用量、污染物排放特征，以及项目所在地的环境条件来确定。其方法有物料衡算法、类比法、资料复用法以及排污系数法。

　　（二）环境影响识别

　　环境影响就是拟建项目与环境之间的相互作用。环境影响识别就是通过系统地检查拟建项目的各项"活动"与各环境要素之间的关系，识别可能的环境影响包括环境影响因子、影响对象（环境因子）、环境影响的程度和环境影响的方式。

　　环境影响识别的基本内容有：

　　1.环境影响因子识别

　　根据工程的组成、特性及其功能，结合工程影响地区的特点，从自然环境和社会环境两个方面，选择需要进行影响评价的环境因子。各影响方面又由各环境要素具体展开各环境要素还可由表达该要素性质的各相关环境因子具体阐述，构成一个有结构、分层次的因子空间，此因子空间具有通有性。

　　2.环境影响程度识别

　　工程项目对环境因子的影响程度可用等级划分来反映，按有利影响与不利影响两类分别划级。

　　3.环境现状调查与评价

　　环境现状调查时各评价专题共有的工作，根据建设项目所在地区的环境特点，结合各单项评价的工作等级，确定各环境要素的现状调查的范围，筛选出应调查的有关参数。调查的方法主要有收集资料法、现场调查法和遥感法。实际工作中通常将这三种方法有机结合、互相补充。

现行的环境现状评价针对不同的环境影响评价专题采取的方法不同，例如我国地表水环境现状评价推荐应用单项水质参数的标准指数法，环境噪声现状评价的方法则主要有噪声质量等级法和噪声污染指数法。

4. 环境影响预测

环境因子在人类活动开展之后，需进行环境影响预测确定各环境因子受到的影响程度。目前常用的预测方法大体上可以分为以专家经验为主的主观预测方法、以数学模式为主的客观预测方法、以实验手段为主的实验模拟方法。地下水环境影响预测一般采用数学模型进行。

5. 评价建设项目的环境影响

各环境因素环境影响评价是在前工作结果的基础上，以法规、标准为依据解释拟建项目引起各环境因素时空变化程度，综合分析建设项目对环境因素影响的大小，是否可以接受，并根据区域和项目的具体情况提出适当的防治对策措施和建议，然后按照一定的评价目的，把人类活动对环境的影响从总体上综合起来，并对环境影响进行定性或定量的评定。常采用的方法有指数法、矩阵法、图形叠法、网络法和动态系统模拟法。

环境影响评价只是评估项目建设前期的环境影响，项目建设过程中还有施工期环境监理，项目竣工后还有竣工环保验收作为配套环境保护管理措施。

第三节　水文地质环境影响评价具体规范要求

与地下水环境影响评价相关的主要标准、规范和技术导则有：《地下水质量标准（GBT 14848—93）》、《地下水环境监测技术规范（HJ－T－164—2004）》和《环境影响评价技术导则　地下水环境（HJ 610—2011）》等。

地下水环评的工作程序遵循环评的工作程序，需要详细说明的是地下水环境现状调查与评价和地下水环境影响预测与评价。

一、地下水环境影响评价目的和任务

至今，在拟建项目的环境影响评价中，地下水的环评工作还比较薄弱。如前所述，原因在于许多项目工程产生的废水、污水一般是在处理达标之后直接排入地表水体，由于水文地质条件的复杂性，缺乏对地下水赋存的水文地质环境影响的分析，导致对研究污染途径和机理受到一定的限制，提出治理建议也缺乏地质环境的针对性。

地下水环境影响评价应以保护地下水环境为最终目的，分析和预测拟建项目对地下水环境的影响。其主要任务是预测和评价拟建项目实施过程和生产过程的各阶段对地下水环境可能造成的直接和间接影响，并针对这种影响提出用于控制地下水环境恶化和保护地下水环境的防治对策，使拟建项目符合环境保护的相关法律法规，为拟建项目选址决策、工程设计和环境管理提供科学依据。

地下水环境影响评价的重要环节是对地下水污染进行预测，而地下水污染的速度，常常与污染物的种类和性质以及水文地质条件有密切关系，为了深入研究地下水污染的机制和污染物质运移规律，结合地区地质特征和地下水污染的实际情况，需要污染物质在包气带和地下水中运移规律的试验研究。地下水环评的分级标准主要应当考虑建设项目是否会对当地地下水产生污染或其他环境危害及其影响程度和危害性。

二、地下水环境现状调查与评价

（一）地下水环境评价现状调查

环境现状调查包括水文地质基础调查、地下水开发利用现状调查和地下水水质和污染调查等。根据建设项目所在地区的水环境特点，结合地下水专题评价的工作等级，确定现状调查的范围，筛选出应调查的有关参数，原则上调查范围应大于评价区域。它包括水文地质基础调查、地下水开发利用现状调查、地下水水质和污染调查等。

（二）地下水环境现状评价

地下水环境现状评价大体包括地下水水量、水质和地下水环境抵抗可能遭受的污染能力。根据环境影响评价工程师职业考试相关书籍可知，目前地下水环境现状评价的方法较多，主要有数理统计法、地下水质模型模拟预测法、单因子指数法、综合指数法、模糊综合评判法、灰色系统方法、环境水文地质制图法。各方法的理论介绍和具体应用请参见相关书籍。

（三）地下水环境影响预测与评价

地下水环境影响预测主要关注指污染物进入地下水环境时间和空间的分布，

同时若拟建项目如建地下水水源地等将产生由地下水水量改变导致地下水环境恶化，则需要预测拟建项目对地下水水量的影响。

通常地下水环境影响预测与评价的方法有数学模型法、物理模型法、类比调查法和专业判断法。其中，物理模型法在地下水环境影响预测中，主要是指以物理装置为手段进行的单元物理模式和整体物理模拟类比调查法（只能做半定量或定性预测），对评价等级较低或由于评价工作时间短等原因，无法取得足够的参数、数据时，才选用类比调查法，专业判断法只能做定性预测，只是针对某些评价等级较低或某些难以定量表示的环境因子，目前尚无实用的定量预测方法，且没有条件进行类比调查时，可采用专业判断法而数学模型法可给出定量的预测结果，不过需具备一定的计算条件和必要的参数、数据，一般此方法可借助地下水动力学中较成熟的地下水水量、水位、水质数学模式，应首先考虑选用。

第三章 矿山水文地质环境影响评价实例研究

第一节 研究对象基本情况

对于井工矿和露天矿这两种开采形式而言，前者的水文地质环境影响较为复杂一些。因此，选择矿石储量在 20 亿吨以上的国内某特大型井工开采铁矿（以下简称 A 铁矿）作为研究对象，应用水文地质环境影响导则规范，进行环境影响评价实例分析。

一、矿区地质构造

矿区出露地层以前震旦系、震旦系和第四系为主。区内大面积被第四系地层所覆盖。地层走向近南北，倾向西，倾角 30°~60°，在 A 铁矿矿段部分地段产状变缓，近于平卧。震旦系地层在矿区零星出露，与前震旦系变质岩呈角度不整合接触。其岩性主要为燧石岩、石英砂岩、白云岩等。

第四系遍布全区，厚度一般为 100~120 米，由黏土层、砾石层、亚砂土、砂土或亚黏土层组成。矿区及外围出露的地层主要有：下古生界奥陶系石灰岩、上古生界石炭系、二迭系砂页岩及煤层、新生界第四系黏土砾石层及燕山期岩浆岩。

区域地层为一走向北北东、倾斜南东的单斜构造，断裂较发育，千米以上断层共 12 条。断层总体走向北北东向，多为正断层，均属成矿前断裂，对矿体无明显破坏作用。

二、水文地质条件

（一）含水层特征

1. 第四系孔隙水含水层

在矿床上部存在的第四系孔隙水含水层厚 100～120 米，第四系孔隙水含水层主要分为以下三个含水层：

第一含水层以阶地形式假整合于上更新统之上，构成漫滩阶地和超河漫滩一级阶地，由河床相和漫滩相砂及砂砾卵石组成。第二含水层为一套初具正韵律的堆积，多隐伏于第一含水层层之下，部分出露地表，构成二级阶地。第三含水层由一套沉积韵律似不明显的冲洪积物和坡洪积物组成，矿区地处两种不同成因类型堆积物交错迭掩地带。

第四系孔隙水含水层的主要特征如表 3 - 1 所示。

表 3 - 1　第四系孔隙水含水层主要特征

含水层层次	岩性	底板标高（米）	厚度（米）	渗透系数（米/天）	备注
第一含水层（Ⅰ）	砂砾卵石、中细砂	-15.98～10.96	5～25.99	32～315	该层上部有 3～6 米的黏质砂土、砂质黏土。水位 16.4～13.5 米，为潜水、承压水
第二含水层（Ⅱ）	砂砾卵石	-90.69～-16.34	0～72.10	178～224.7	承压水
第三含水层（Ⅲ）	砂砾卵石、粗中砂	-134.79～-42.61	0～37.68	47.7～144.0	承压水

第四系含水层主要岩性为砂砾卵石、粗中砂，渗透系数为 32～315 米/天。与第四系含水层互层分布有岩性为黏质砂土、砂质黏土和淤泥质土的第四系相对隔水层（弱透水）。地下水水质为 HCO_3^-—Ca^{2+}、HCO_3^-—Ca^{2+}、Mg^{2+}、HCO_3^-—Mg^{2+}、Ca^{2+}、Na^+、HCO_3^-—Na^+、Ca^{2+} 型水，矿化度 0.1～0.32 克/升。

2. 基岩裂隙水含水层

矿区基岩为一套古老变质岩系，其变质程度较浅，并且经受了不同程度的混合岩化。除铁石山一带有所不同，其他皆隐伏于地下构成古老基底。尽管含矿岩系岩性有所不同，但各类岩石中主要造岩矿物均占有相当大的比重，又经历了高温高压的区域变质作用或混合岩化作用，岩石的水理性质差异不明显，局部地段矿体本身含水，内部赋存的裂隙水组成统一的裂隙水含水层。基岩裂隙含水层又可划分为基岩风化裂隙含水层和基岩构造裂隙含水层。

基岩风化裂隙含水层分为全风化裂隙含水层和半风化裂隙含水层，全风化裂隙含水层分布于风化壳顶部，直接与第四系接触，岩石结构松散，由于长期受水对矿物成分的溶解与分解作用，产生高龄土化，虽然仍保留着清晰的原岩结构，但是，已具有黏土所具有的可塑性。全风化裂隙含水层厚度 0~47 米，渗透系数为 0.05 米/天，含承压水。

全风化裂隙含水层富水性和透水性均较差，水文地质计算时，将其视为不透水层。

半风化裂隙含水层岩石风化变质程度较浅，组织结构完好，金属硫化物的"岩溶"作用在这里也略有显示，主要表现为硅质溶失孔洞。半风化裂隙含水层，厚度 18~65 米，渗透系数为 0.084~0.315 米/天。

深部基岩构造裂隙水含水层，本层由古风化壳以下的断裂破碎带组成，平面上集中分布在 S9~S18 线间，厚度变化大，由 15~220 米不等，一般厚度为 50~100 米，厚度为 15~200 米，渗透系数为 0.049~0.55 米/天。

地下水水质为 HCO_3^-—Na^+、Ca^{2+}、Mg^{2+} 和 HCO_3^-—Na^+、Mg^{2+}、Ca^{2+} 型水，矿化度 0.31~0.36g/L。基岩含水带主要特征见如表 3-2 所示。

表 3-2　基岩含水带主要特征

含水带		底板标高（米）	厚度（米）	渗透系数（米/天）	地下水类型
古风化壳裂隙	全风化带	-157 ~ -94.5	0 ~ 47	0.05	承压~自流
	半风化带	-218.82 ~ -127.75	18 ~ 65	0.084~0.315	
深部构造裂隙		-430 ~ -220	15 ~ 200	0.049~0.55	

（二）隔水层特征

矿区第四系松散层中完全符合隔水层意义的似乎不常见，尤其 A 铁矿矿区第四系黏性土一般厚度小，起不到隔水作用，只有底隔最小厚度大于 10 米，可以起到隔水作用，其他均可视为弱透水层。在 -430 米以下，矿区岩矿体一般趋于完整，各种裂隙、破碎带均不发育，亦可视为隔水层。

1. 第Ⅰ隔水层

第Ⅱ含水组下段顶板隔水层，亦称上隔层。其岩性主要为黏质砂土、砂质黏

土及淤泥质黏土，结构松软，颜色较杂，以灰黄、棕黄等色为主。底板标高最高
8.73 米，最低 – 18.116 米，平均 – 5.40 米，最后 16 米，最薄 0 米，平均 3.24
米，分布不稳定，局部地段因缺失而形成天窗。

2. 第Ⅱ隔水层

第Ⅱ含水组下段的中间隔水层，亦称中隔层。主要岩性为黏质砂土和砂质黏
土，矿区西部和南部有大片淤泥层，黄色、灰黄色，具塑性和锈染条带，局部含
对径 3～5 厘米的卵石。厚度薄且不稳定，最厚 15.10 米，最薄 0 米，平均 3.15
米。底板最高 – 0.637 米，最低 – 70.017 米，平均 – 31.47 米，该层天窗总面积
8 平方千米，岩性 38% 为砾卵石，41% 为中粗砂，其他为粉砂。该层淤泥中含有
较大的卵石，天窗充填物中砂砾卵石占有相当大的比例。

3. 第Ⅲ隔水层

第Ⅲ含水组顶板隔层，亦称下隔层。分布较稳定，北部（H9 线以北）尖灭。
主要岩性为锈黄、黄灰、深灰色黏质砂土和淤泥质黏土。岩芯结构致密较硬，微
显层理，具锰斑和锈染。底板标高 – 98.69 ～ – 5.14 米，平均 – 56.88 米，最厚
19.60 米，最薄 0 米，平均 4.55 米。天窗总面积约 8 平方千米，岩性为中粗砂。

4. 第Ⅳ隔水层

本层系指第三含水层底部。主要岩性为黏质砂土、砂质黏土和黏土，常夹有
薄层砂和碎石。颜色常见有棕黄、灰绿、蓝灰、红褐、紫红等色，含铁锰结核，
具锰斑锈染，长石已遭风化，岩芯致密坚硬。厚度比较稳定，一般厚 25～30 米，
最厚达 40 米。

隔水层主要特征如表 3 – 3 所示。

表 3 – 3　隔水层主要特征

隔水层次	隔水层岩性	底板标高（米）	厚度（米）	隔水性能	天窗		
					数量	总面积（平方千米）	岩性
一	黏质砂土、砂质黏土、淤黏土	– 18.116 ～ 8.73	0 ～ 16	弱透水	2	＞7.4	粉细砂、细砂、砂卵石
二	黏质砂土、砂质黏土、淤泥质土	– 70.017 ～ 0.637	0 ～ 15.1	弱透水	7	8.1	砂砾卵石、中粗砂
三	黏土、淤泥质黏土	– 98.69 ～ – 5.14	0 ～ 19.6	隔水较好	4	7	粉细砂、粉砂、中粗砂
四	黏质砂土、黏土、砂质黏土		25 ～ 30	底隔层			

（三）地下水水力联系

第四系覆盖层内有四个隔水层，其中，在第一隔水层和第二隔水层中存在一定面积的"天窗"。但分布均匀的第四隔水层厚度较大，故第四系含水层与基岩含水层之间的水力联系仍较弱。

断层含水微弱，主要有五条：F9、F10、F11、F12、F13。由于本区新构造运动较为强烈，断层有可能沟通或加强含水层之间及地下水与地表水之间的联系，造成安全隐患。

因此，A 铁矿的矿床属水文地质条件复杂的矿床类型。

（四）补、径、排条件

地下水主要受大气降雨的补给，地下水的动态变化受气象因素控制。河水与第四系地下水水力联系密切，河水补给第四系地下水，第四系地下水各含水层受河水直接或间接补给，或受区域径流直接补给，径流及越流排泄。基岩承压裂隙水主要为侧向补给，在裸露区接受大气降雨补给，径流和越流排泄。

不同含水层因其渗透性能和补给强度不同，其水位变幅亦具有差异性，第四系孔隙水含水层渗透性强，水位上升较慢，年变幅 2～3 米，基岩含水层补给强度弱，水位变幅小，年变幅仅 1.2 米。

第二节　研究内容及技术路线

一、研究内容

A 铁矿属鞍山式沉积变质铁矿床，形成于前震旦系，矿石资源丰富。矿区从20 世纪后期至今进行了大量的地质和水文地质研究，并存留了大量的地质资料。但目前存在的主要问题是，A 铁矿矿区并没有做过细致全面的地下水干扰影响评价，尤其是地下水水量水质评价薄弱。因此，需要进行详细的地下水水量水质评价，来全面了解 A 铁矿开发对地下水环境的干扰程度，找出存在的地下水环境问题，并针对所存在的问题提出地下水环境的具体保护方法。

二、技术路线

本书研究对 A 铁矿矿区的水文地质资料进行了整理，并在矿区内进行了必要的水文地质实地测试和实验，得到了该地区地下水环境相关资料，并用数值法对矿区的地下水环境进行了模拟预测，并根据所得预测结果对矿区的开采和发展提出相应的建议。研究的详细技术路线如图 3-1 所示。

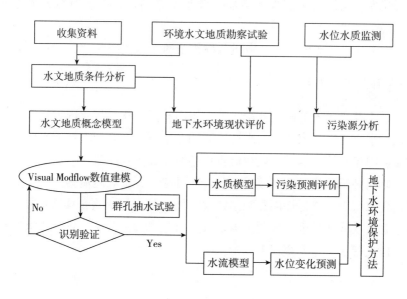

图 3-1 技术路线

第三节 地下水环境现状评价

一、矿区及周边水源井地下水开发现状

A 铁矿矿区位于 L 河流域平原区，地处北温带，属于典型半干旱大陆性气候，根据研究区及周边主要供水含水层水位长期观测点的一个水文年的长期观测资料分析，每年 3 月上旬至 6 月上旬降雨量最少，加之人工抽水灌溉和植物蒸腾快等因素，地下水位出现最低值；6 月下旬至 8 月降水多，地下水迅猛回升；9

月至 10 月由于降水量减少，地下水位缓慢下降；11 月至次年 3 月地下水位相对稳定，降水量少，蒸腾甚微，农灌停止，地下水位变化不大。

为全面掌握矿区地下水环境现状，以及为干扰影响预测分析做好基础工作，对矿区范围内具有供水意义的第四系松散岩类孔隙含水层水位进行观测，观测频率为一个连续水文年的枯、平、丰三期，每期各观测一次。水位调查分别在 2010 年 7 月、2011 年 3 月、2011 年 9 月分丰枯平三期，对具有供水意义的浅层第四系水井进行了水位调查，水井水位的调查监测范围为 A 铁矿及周围同一水文地质单元区域，共涉及 14 个行政村，调查水井 14 个，取水层位全部为第四系含水层，具体调查监测水位结果如表 3 - 4 所示。

根据矿区及周边水井水位调查结果显示，矿区范围及周边居民用水主要以第四系水井作为主要的分布式供水水源，水井主要功能以农业灌溉和生活饮用为主，井深集中在 7 ~ 18 米，水位标高在 10 ~ 13 米，供水量多大于 50 立方米/小时。第四系水井枯、平、丰三期水位变化幅度在 2 米左右。

二、地下水水质现状评价

A 铁矿对地下水水质可能产生影响的场地主要有两个，分别是矿区开采区域和矿选矿厂、南副井工业场地。2010 年 7 月、2011 年 3 月、2011 年 9 月在选矿厂、南副井工业场地周边布设了 10 个第四系水质监测点，分别进行了枯、平、丰三期的水位、水质监测。

（一）地下水水质监测

1. 水质监测相关要求
（1）监测项目。

根据地下水常规水质指标要求及 A 铁矿排污特征，地下水监测因子为：pH、总硬度（以 $CaCO_3$ 计）、溶解性总固体、高锰酸盐指数、硝酸盐、亚硝酸盐、硫酸盐、氟化物、氯化物、氨氮、挥发酚、总氰化物、铁、锰、铅、砷、镉、汞、六价铬、细菌总数和总大肠菌群共 21 项，同时记录水温、井深、水位。
（2）监测时间及频率。

监测时间为 2010 年 1 月 22 ~ 24 日，连续监测 3 天，每天每井采样一次。
（3）采样及分析方法。

水样的采集、保存、分析方法按照 HJ/T 164—2004《地下水环境监测技术规范》中有关规定进行。

2. 补充监测相关情况

由于矿区范围较大，存在潜在危险源，为了能很好地控制研究区地下水水质情况，在 2010 年 7 月、2011 年 3 月、2011 年 9 月对矿区地下水又进行了一次补充监测。

（1）监测项目。

pH、溶解性总固体、总硬度、高锰酸盐指数、砷、汞、六价铬、铬、镍、铜、锌、铅、镉、氯化物、硝酸盐、亚硝酸盐、氨氮、硫酸盐、氟、挥发酚、总大肠菌群、细菌总数、苯、石油类共 24 项。

（2）监测时间、频率与监测方法。

地下水水质监测分枯、平、丰三期，枯水期监测时间为 2011 年 3 月 26 日至 2011 年 3 月 28 日，连续监测 3 天，每天每井采样一次；平水期监测时间为 2011 年 9 月 12 日至 2011 年 9 月 14 日，连续监测 3 天，每天每井采样一次；丰水期监测时间为 2010 年 7 月 26 日至 2010 年 7 月 28 日，连续监测 3 天，每天每井采样一次。

（二）地下水水质评价

1. 评价方法

采用单因子标准指数法。

2. 计算公式

$$Pi = \frac{Ci}{Csi}$$

式中：Pi——第 i 个水质因子的标准指数；

Ci——第 i 个水质因子的监测质量浓度值，毫克/升；

Csi——第 i 个水质因子的标准质量浓度值，毫克/升。

pH 的标准指数为：

$$P_{pH} = \frac{7.0 - pH}{7.0 - pH_{sd}} \qquad pH \leqslant 7.0 \text{ 时}$$

$$P_{pH} = \frac{pH - 7.0}{pH_{su} - 7.0} \qquad pH > 7.0 \text{ 时}$$

式中：P_{pH}——pH 的标准指数；

pH——pH 监测值；

pH_{sd}——标准中 pH 的下限值；

pH_{su}——标准中 pH 的上限值。

当 $Pi \leqslant 1$ 时，符合标准；当 $Pi > 1$ 时，说明该水质因子已超过了规定的水质标准，将会对人体健康产生危害。

3. 监测结果及评价

运用标准指数法进行统计分析，根据监测结果，所有监测点地下水水质较好，各项水质监测指标均满足《地下水质量标准》（GB14848—93）中的Ⅲ类标准。

三、水文地质问题与地下水污染源

根据 A 铁矿的环境水文地质调查报告，结合野外现场调查，A 铁矿矿区及周边存在的水文地质问题调查如下：

（1）矿区及周边范围内没有天然劣质水分布。

（2）A 铁矿矿区处于 L 河漫滩阶地，含水层单层厚度大、水质好、水量丰富，现已充分开发利用。民用机井密度 15~20 眼/平方千米，单井出水量 50~70 立方米/亩，一般井距 200~300 米。耕地多为菜园及水浇地，每次灌溉用水量 50~70 立方米/亩。

（3）区内地下水位受降雨和季节性影响明显，为降雨—开采—蒸发型，其特点是水位动态与降雨密切相关，受降水和开采影响水位峰谷变化分明。1991~2000 年 10 年间，浅层地下水平均水位下降速率为 0.44 米/a。

另外，矿区及周边存在地下水污染源调查。天然污染源的作用使 L 河晚期冲洪积扇及滨海平原锰、铁、矿化度、总硬度、氯化物、硫酸盐、氟化物等项目超标。随着县域经济的发展和工业化、城市化步伐的加快，造纸、化工、冶炼等企业增多，排放大量污水，使各河渠地表水受到不同程度污染，地表水、地下水质量呈下降趋势，水生态环境不断恶化，也给沿河渠、沿海区水产养殖及农业生产造成不同程度的危害。

第四节　采矿对地下水环境的干扰评价研究

在对矿区及周边范围内地下水水文地质条件，区域工农业用水情况及居民用水水质状况进行分析和评价的基础之上，为了定量、定性描述煤炭开采后地下水流场变化趋势，本次评价采用基于有限差分法原理的 Visual Modflow 软件建立研究区多层含水层结构的数值模拟，模拟预测 A 铁矿开采前后整个区域第四系各含水层流场的变化。

选矿厂和南副井工业场是尾矿和废石的堆场，且工业场地也是选矿废水处理的浓缩池所在地，对这些已产生污染源的局部区域，通过选择特征离子来模拟正常工况和事故状态下，污染物的运移趋势及扩散范围。分析这些污染物对地下水含水层、水资源地、供水水源井等的影响，其中重点分析 A 铁矿开采对具有供水意义的第四系含水层和居民水源井的影响。

一、现状调查与模型设计

（一）矿区水文地质条件

1. 含水层特征

研究区内依据含水层富水性能、含水介质结构特征以及地下水的赋存、运移条件，可将矿区含水层分为第四系含水层（组）和基岩含水层（带）两大类。第四系含水层（组）可分为三个含水层和四个隔水层，这三个含水层相互独立，又有密切的水力联系。基岩含水层（带）依据裂隙成因及其发育程度和埋藏条件之不同，可将基岩含水岩系划分为古风化壳裂隙含水带与深部构造裂隙含水带两部分。

2. 第四系和基岩含水层之间的水力联系

第四系含水层水量丰富，并受地表河流补给，底部为厚 10～30 米的含淤泥质粉土、粉质黏土、更新统黄土状粉质黏土及红色黏土层，成为第四系含水层与下部基岩裂隙含水系统的隔水层，使两者水力联系较弱。

3. 地下水动态变化规律

矿区地下水主要接受大气降水补给，排泄方式除人工开采外，主要是陆面蒸发、植物蒸腾和旱季排入 L 河，矿区地下水年季变化过程如下：

（1）地下水位相对稳定期：自当年 11 月至次年 3 月，地下水补给与排泄量相当，地下水位较为稳定。

（2）地下水位下降期：自 3 月至 4 月，由于降水量小于排泄量及开采量和蒸发量，造成地下水消耗量大于补给量，使地下水位下降。

（3）地下水位回升期：每年 5～8 月，降水量增加，且农业灌溉用水量较少，地下水得到充足补给，补给量大于排泄量，使水位回升，尤其是 6 月、7 月、8 月，水位回升明显，8 月底达到最高值。

（4）地下水位二次下降期：每年 9 月、10 月，由于降水量减少，地下水天然排泄量增加，水位亦有缓慢不降趋势。

由于近些年降水量减少，开采量增加，地下水位有缓慢下降趋势。根据三个观测孔一个水文年的观测资料，当地地下水位年变幅 1.23～1.49 米。

4. 研究区地下水水流数值模拟

在对矿区水文地质条件进行合理概化的基础上，先构建矿区水文地质概念模型，继而建立研究区地下水运动的数值水流模型。本次的模型主要是针对 A 铁矿开采对具有供水意义的第四系含水层的水位、水量的影响预测，分析 A 铁矿开采后矿区第四系含水层地下水渗流场的演变。

（二）概念模型

建立水文地质概念模型是把含水层实际的边界性质、内部结构、渗透性质、水力特征和补给排泄等条件概化为便于进行数学与物理模拟的模型。

1. 模型范围

根据本书研究目的，模型以 A 铁矿矿区及工业场地为研究对象，根据区内各含水层流场特征和对地层结构的分析，应用"大井法"计算了矿区基岩含水层疏排水的引用半径（$r_0 = 0.565\sqrt{F} = 95.27$ 米）和引用影响半径（$R = 10s\sqrt{K} = 2066.33$ 米），其疏干影响范围为 $r_0 + R = 2161.6$ 米。

2. 含、隔水层概化

水文地质概念模型就是对研究区水文地质条件的简化。根据以往地质工作和本次工作对研究区水文地质条件的认识，以及主要研究的目标层（具有主要供水意义的含水层），在垂向上将地下水系统概化为六层结构、三个含水层和三个隔水层。

根据模拟区内历年来勘查施工的有关井孔资料，并结合物探解译成果来获取各分层标高，考虑到井孔密度的不均一性，为较客观地刻画模拟区各模型层的底面标高，本次模拟在对有关井孔资料的综合整理分析的基础上，结合对区域地层分布规律的认识，对资料缺乏地区进行控制性插值，进而得到区内各模型层的底面标高离散点数据，在此基础上采用克里格（Kriging）空间插值方法生成各模型层底板标高等值线和厚度等值线，符合区内建立地下水流数值模型的精度要求。其各含、隔水层部分钻孔统计数据及应用 Sufer 得出的底板标高等值线及厚度等值线如下：

（1）第一微承压含水组（Ⅰ）。

矿区内部分钻孔底板标高和厚度数据的统计如表3－4所示。

表3－4　第一微承压含水组（Ⅰ）底板标高和含水层厚度统计

孔号	X	Y	H（m）	M（m）	孔号	X	Y	H（m）	M（m）
SG16	40395868	4384555	－3.95	16	G61	40394543	4387540	－0.53	9.3
C1	40393019	4390661	－4.63	13.8	QG60	40393856	4387503	－3.78	14
G24	40394440	4390651	－3.5	16.2	ZG58－2	40391379	4387450	－2.48	10
G45	40395429	4390594	0.92	15.8	C57	40389988	4387195	－2.18	5
补SK41	40396601	4389778	0.27	16.21	QG56	40389367	4387244	－1.41	11.2
补SK39	40395629	4389635	－0.8	14.48	QG64	40391469	4386680	－2.92	—
C2	40393032	4389419	－2.03	16.3	G44	40393032	4386660	－4.98	16.3
ZG47－1	40392319	4389253	－5.26	11.15	SK17	40395878	4386537	－5.18	12.16
ZG37－1	40391170	4389970	－4.99	9.8	SK5	40395841	4385644	－5.74	13.47
SK68	40390795	4389283	－7.26	13.5	SK4	40394948	4385578	－4.99	18.49
ZG43－3	40389995	4389163	－1.97	9.9	SK3	40394131	4385412	－5.41	16
G39	40390732	4388649	－3.95	5.7	G83	40393046	4385724	－7.66	10.9
ZG49－3	40391250	4388513	－3.01	12.47	SK62	40391857	4385415	－5.16	10.2
G31	40392999	4388649	－7.78	16	SK63	40390204	4384910	－9.07	12.79
G50	40393896	4388576	－6.21	17.5	G73	40393026	4384134	－6.42	17.6
ZG48－3	40394533	4389326	－1.14	12.8	补SK311	40395868	4384555	－6.19	9.96
ZG51－1	40395745	4388645	0.72	11.3	SK64	40387986	4384901	－4.2	7.55
SK32	40396655	4388622	－5.74	15.09	SK357	40394833	4388643	－2.61	15.02
补SK25	40397219	4387742	－2.81	14.27	G71	40392927	4387450	－6.49	13.9
SK22	40395795	4387666	－4.13	15.38	—	—	—	—	—

（2）第Ⅰ隔水层。

根据收集地质资料统计（部分钻孔）第Ⅰ隔水层底板标高及厚度如表3－5所示。

表3－5 第Ⅰ隔水层底板标高和含水层厚度统计

孔号	X	Y	H（m）	M（m）	孔号	X	Y	H（m）	M（m）
SG13	40391080	4390677	－7.76	3.84	ZG51－1	40395745	4388645	－3.98	4.7
SG16	40390589	4390694	－7.25	3.3	SK32	40396655	4388622	－6.94	1.2
G66	40391907	4390691	－4.2	5.8	补SK25	40397219	4387742	－7.14	4.29
ZG26	40392657	4390651	－7.7	3.3	SK22	40395795	4387666	－5.08	0.95
C1	40393019	4390661	－7.17	1.3	G61	40394543	4387540	－1.725	1.2
G24	40394440	4390651	－5.4	1.9	QG60	40393856	4387503	－5.58	1.8
G45	40395429	4390594	－4.55	5.5	G53	40392043	4387460	－6.65	2
补SK41	40396601	4389778	－5.11	3.11	ZG58－2	40391379	4387450	－3.767	1.2
补SK39	40395629	4389635	－4.96	1.26	C57	40389988	4387195	－2.85	—
ZG38－1	40392999	4390076	－10.85	4.5	QG56	40389367	4387244	－5.413	4
G25	40393009	4389701	－8.88	2	G44	40393032	4386660	－6.38	1.4
C2	40393032	4389419	－8.525	1.5	SK17	40395878	4386537	－7.93	2.75
ZG47－1	40392319	4389253	－10.86	5.6	SK5	40395841	4385644	－7.45	1.71
ZG37－1	40391170	4389970	－8.394	3.4	SK4	40394948	4385578	－9.25	4.26
ZG46－3	40391113	4389319	－11.75	3.1	SK3	40394131	4385412	－7.78	2.37
G39	40390732	4388649	－9.15	5.2	G83	40393046	4385724	－9.16	1.5
ZG49－3	40391250	4388513	－6.1	3.1	SK2	40392989	4385455	－10.88	6.08
G31	40392999	4388649	－11.175	3.6	SK313	40392558	4385375	－9.93	1
G50	40393896	4388576	－9.01	2.8	G73	40393026	4384134	－13.95	7.2
ZG48－3	40394533	4389326	－6.44	5.3	补SK311	40395868	4384555	－7.93	1.74
G70	40394769	4388835	－10.14	4.1	SK64	40387986	4384901	－10.01	5.81

（3）第二承压含水组（Ⅱ）。

研究区内部分钻孔统计的第二承压含水组（Ⅱ）底板标高及厚度如表 3 - 6 所示。

表 3 - 6　第二承压含水组（Ⅱ）底板标高和含水层厚度统计

孔号	X	Y	H（m）	M（m）	孔号	X	Y	H（m）	M（m）
SG13	40391080	4390677	-50.52	42.76	SK22	40395795	4387666	-57.14	52.06
SG16	40390589	4390694	-58.75	51.5	G61	40394543	4387540	-55.53	53.805
G66	40391907	4390691	-55.39	51.19	QG60	40393856	4387503	-54.58	49
ZG26	40392657	4390651	-51.6	43.9	G53	40392043	4387460	-67.75	61.1
C1	40393019	4390661	-53.37	46.2	ZG58 - 2	40391379	4387450	-66.68	62.913
G24	40394440	4390651	-59.9	54.5	C57	40389988	4387195	-65.36	62.51
G45	40395429	4390594	-52.28	47.73	QG56	40389367	4387244	-67.71	62.297
补 SK41	40396601	4389778	-52.8	47.69	QG64	40391469	4386680	-75.52	—
补 SK39	40395629	4389635	-54.39	49.43	G44	40393032	4386660	-58.08	51.7
ZG38 - 1	40392999	4390076	-55.25	44.4	SK17	40395878	4386537	-54.43	46.5
G25	40393009	4389701	-56.98	48.1	SK5	40395841	4385644	-52.2	44.75
C2	40393032	4389419	-57.33	48.805	SK4	40394948	4385578	-59.14	49.89
ZG47 - 1	40392319	4389253	-55.46	44.6	SK3	40394131	4385412	-59.04	51.26
ZG37 - 1	40391170	4389970	-53.89	45.496	G83	40393046	4385724	-60.86	51.7
ZG46 - 3	40391113	4389319	-55.85	44.1	SK2	40392989	4385455	-53.67	42.79
SK68	40390795	4389283	-58.02	—	SK313	40392558	4385375	-55.47	45.54
ZG43 - 3	40389995	4389163	-56.27	54.3	SK62	40391857	4385415	-51.46	—
G39	40390732	4388649	-45.75	36.6	SK63	40390204	4384910	-54.84	—
ZG49 - 3	40391250	4388513	-55.31	49.21	G73	40393026	4384134	-79.32	65.37
G31	40392999	4388649	-55.18	44.005	补 SK311	40395868	4384555	-75.38	67.45
G50	40393896	4388576	-52.31	43.3	SK64	40387986	4384901	-64.6	54.59
ZG51 - 1	40395745	4388645	-57.48	53.5	G71	40392927	4387450	-59.69	—
SK32	40396655	4388622	-50.15	43.21	G70	40394769	4388835	—	34.8
SK316	40397355	4388808	-54.82	—	ZG48 - 3	40394533	4389326	—	38.5
补 SK25	40397219	4387742	-52.73	45.59	—	—	—	—	—

第Ⅱ隔水层：指第Ⅱ含水组下段的中间隔层（亦称中隔层）。根据收集地质资料统计第Ⅱ隔水层顶底板标高及厚度如表3-7所示。

表3-7 第Ⅱ隔水层顶底板标高和含水层厚度统计

名称	X	Y	H顶（m）	H底（m）	M（m）	名称	X	Y	H顶（m）	H底（m）	M（m）
SG13	40391080	4390677	-31.4	-34.6	3.2	补SK25	40397219	4387742	-31.44	-33.94	2.5
SG16	40390589	4390694	-31.55	-34.05	2.5	SK22	40395795	4387666	-33.8	-34.52	0.72
G66	40391907	4390691	-30.18	-34.68	4.5	G61	40394543	4387540	-31.43	-36.53	5.1
ZG26	40392657	4390651	-30.9	-34.4	3.5	QG60	40393856	4387503	-30.88	-37.18	6.3
G24	40394440	4390651	-35.3	-40.3	5	G53	40392043	4387460	-29.95	-32.75	2.8
G45	40395429	4390594	-26.9	-29.6	2.7	ZG58-2	40391379	4387450	-33.58	-36.88	3.3
补SK41	40396601	4389778	-27.33	-29.33	2	C57	40389988	4387195	-36.28	-41.18	4.9
补SK39	40395629	4389635	-29.31	-33.88	4.57	QG56	40389367	4387244	-39.01	-43.61	4.6
ZG38-1	40392999	4390076	-33.85	-34.65	0.8	G44	40393032	4386660	-40.18	-42.48	2.3
G25	40393009	4389701	-35.68	-38.48	2.8	SK17	40395878	4386537	-34.72	-38.38	3.66
C2	40393032	4389419	-35.33	-38.13	2.8	SK5	40395841	4385644	-35.02	-37.23	2.21
ZG47-1	40392319	4389253	-36.55	-39.95	3.4	SK4	40394948	4385578	-34.8	-40.11	5.31
ZG37-1	40391170	4389970	-30.69	-36.19	5.5	SK3	40394131	4385412	-37.71	-44.57	6.86
ZG46-3	40391113	4389319	-31.75	-35.85	4.1	G83	40393046	4385724	-40.06	-47.76	7.7
ZG43-3	40389995	4389163	-32.77	-38.77	6	SK2	40392989	4385455	-37.41	-41.99	4.58
G39	40390732	4388649	-33.75	-40.25	6.5	SK313	40392558	4385375	-40	-40.2	—
ZG49-3	40391250	4388513	-33.03	-36.11	3.08	SK62	40391857	4385415	-32.54	-40	7.46
G31	40392999	4388649	-33.48	-37.18	3.7	SK63	40390204	4384910	-36.86	-46.56	9.7
G50	40393896	4388576	-33.91	-34.81	0.9	G73	40393026	4384134	-50.42	-52.42	2
ZG48-3	40394533	4389326	-26.94	-33.84	6.9	补SK311	40395868	4384555	-36.77	-41.59	4.82
ZG51-1	40395745	4388645	-31.08	-35.78	4.7	SK64	40387986	4384901	-43.91	-46.83	2.92
SK32	40396655	4388622	-30.04	-36.37	6.33	G71	40392927	4387450	-39.49	-40.69	1.2

该层与第一、三两隔层相比较，本层之淤泥中含有较大的卵石；天窗充填物中砂砾卵石占有相当大的比例，表明第二隔层透水性良好。鉴此，在水文地质计

算中，将该层按第二含水层的夹层处理。

（4）第Ⅲ隔水层。

研究区内部分钻孔统计的第Ⅲ隔水层底板标高及厚度如表3－8所示。

表3－8　第Ⅲ隔水层底板标高和含水层厚度统计

孔号	X	Y	H（m）	M（m）	孔号	X	Y	H（m）	M（m）
SG13	40391080	4390677	－59.14	8.6	SK32	40396655	4388622	－56.82	4.48
SG16	40390589	4390694	－61.57	3	补SK25	40397219	4387742	－56.09	3.36
G66	40391907	4390691	－58.9	3.5	SK22	40395795	4387666	－57.69	0.56
C1	40393019	4390661	－64.57	11.2	G61	40394543	4387540	－58.53	3
G45	40395429	4390594	－54.88	2.6	QG60	40393856	4387503	－62.28	7.7
补SK41	40396601	4389778	－54.18	1.38	ZG58－2	40391379	4387450	－67.68	1
补SK39	40395629	4389635	－56.3	1.91	C57	40389988	4387195	－67.68	2.3
SK37	40393653	4389449	－60.92	1.98	QG56	40389367	4387244	－71.01	3.3
ZG38－1	40392999	4390076	－63.45	7.3	G44	40393032	4386660	－59.08	1
G25	40393009	4389701	－60.28	3.3	SK17	40395878	4386537	－63.04	8.62
C2	40393032	4389419	－62.12	4.8	SK5	40395841	4385644	－60.87	8.67
ZG47－1	40392319	4389253	－61.96	6.5	SK4	40394948	4385578	－61.13	3.09
ZG37－1	40391170	4389970	－58.49	5.6	SK3	40394131	4385412	－64.48	5.45
ZG46－3	40391113	4389319	－58.15	2.3	G83	40393046	4385724	－66.06	5.2
ZG43－3	40389995	4389163	－59.87	3.6	SK2	40392989	4385455	－64.5	3.46
G39	40390732	4388649	－61.55	2.3	SK62	40391857	4385415	－57.65	4.2
ZG49－3	40391250	4388513	－57.32	2	SK63	40390204	4384910	－61.72	6.88
G31	40392999	4388649	－63.67	8	G73	40393026	4384134	－81.72	2.4
G50	40393896	4388576	－56.41	4.1	补SK311	40395868	4384555	－75.98	—
ZG48－3	40394533	4389326	－57.54	7.1	SK64	40387986	4384901	－66.4	1.8
G70	40394769	4388835	－50.44	9.4	G71	40392927	4387450	－71.88	12.2
ZG51－1	40395745	4388645	－60.18	2.7	—	—	—	—	—

（5）第三含承压水组（Ⅲ）。

根据收集地质资料统计第三含承压水组（Ⅲ）底板标高及厚度如表3–9所示。

表3–9 第三含承压水组（Ⅲ）底板标高和含水层厚度统计

孔号	X	Y	H（m）	M（m）	孔号	X	Y	H（m）	M（m）
SG13	40391080	4390677	−67	12.85	SK32	40396655	4388622	−63.49	7.26
SG16	40390589	4390694	−63.5	10.2	SK316	40397355	4388808	−63.94	13.87
G66	40391907	4390691	−71	12.1	补SK25	40397219	4387742	−66.75	9.83
C1	40393019	4390661	−70.87	6.3	SK22	40395795	4387666	−69.9	10.79
G24	40394440	4390651	−70.6	4.4	G61	40394543	4387540	−86.23	27.7
G45	40395429	4390594	−64.48	9.6	QG60	40393856	4387503	−83.28	21
补SK41	40396601	4389778	−59.68	5.5	G53	40392043	4387460	−74.95	7.2
补SK39	40395629	4389635	−66.44	10.14	ZG58–2	40391379	4387450	−79.98	12.3
SK37	40393653	4389449	−80.98	17.02	C57	40389988	4387195	−85.98	18.3
ZG38–1	40392999	4390076	−76.35	12.9	QG56	40389367	4387244	−88.81	21.1
G25	40393009	4389701	−79.68	19.4	QG64	40391469	4386680	−83.22	—
C2	40393032	4389419	−83.23	21.1	G44	40393032	4386660	−64.18	5.1
ZG47–1	40392319	4389253	−73.06	11.1	SK17	40395878	4386537	−78.74	16.19
ZG37–1	40391170	4389970	−73.05	14.1	SK5	40395841	4385644	−86.78	24.4
ZG46–3	40391113	4389319	−73.49	15	SK4	40394948	4385578	−92.04	22.35
SK68	40390795	4389283	−75.11	10.46	SK3	40394131	4385412	−90.78	24.9
ZG43–3	40389995	4389163	−75.27	15.4	G83	40393046	4385724	−87.46	21.4
G39	40390732	4388649	−74.75	13.2	SK2	40392989	4385455	−89	24.5
ZG49–3	40391250	4388513	−73.71	16.49	SK313	40392558	4385375	−83.83	17.73
G31	40392999	4388649	−73.67	10	SK62	40391857	4385415	−80.79	21.19
G50	40393896	4388576	−72.61	16.2	SK63	40390204	4384910	−90.73	28.21
ZG48–3	40394533	4389326	−67.22	9.7	G73	40393026	4384134	−116.27	19
G70	40394769	4388835	−68.84	8.2	补SK311	40395868	4384555	−94.56	7.54
ZG51–1	40395745	4388645	−65.68	5.5	SK64	40387986	4384901	−106.83	37.68

（6）第四隔水层。

主要岩性为黏质砂土、砂质黏土和黏土，常夹有薄层砂和碎石。分布遍及全区，厚度大而稳定，一般厚 25~30 米，最厚可达 40 米。

3. 含水层水力特征的概化

数值模拟的层位是第四系孔隙水含水层，主要岩性为砂砾卵石、粗中砂，渗透系数为 15~334 米/天。与第四系含水层互层分布有岩性为黏质砂土、砂质黏土和淤泥质土的第四系相对隔水层（弱透水）。根据矿区资料及钻孔岩性描述，将其概化为非均值含水层，地下水类型为孔隙、裂隙承压水。本书将从以下几个方面对矿区地下水流系统进行概化：

（1）主要含水层渗透性随空间发生变化，方向上存在差异性，所以将含水介质概化为具有七层结构的非均质各向异性。

（2）地下水系统输入、输出随时间变化，故为非稳定流。

（3）研究区水力坡度小，含水层分布广、厚度大，地下水运动符合达西定律。

综上所述，将研究区地下水系统概化为非均质各向异性、具有七层结构的三维非稳定地下水流系统。考虑降水入渗，蒸发，不考虑河流渗漏补给。

4. 数学模型

根据上一节水文地质概念模型，A 铁矿矿区地下水系统水文地质概念模型相对应的三维非稳定流数学模型如下：

$$\frac{\partial}{\partial x}\left(K_{xx}\frac{\partial H}{\partial x}\right)+\frac{\partial}{\partial y}\left(K_{yy}\frac{\partial H}{\partial y}\right)+\frac{\partial}{\partial z}\left(K_{zz}\frac{\partial H}{\partial z}\right)+\Im=s_s\frac{\partial H}{\partial t} \quad (x,\ y,\ z)\in\Omega,\ t>0$$

$$H(x,\ y,\ z,\ t)\big|_{t=0}=H_0(x,\ y,\ z)$$

$$H(x,\ y,\ z,\ t)\big|_{(x,y,z)\in B_1}=H_1(x,\ y,\ z,\ t)$$

$$k\frac{\partial H}{\partial t}\bigg|_{(x,y,z)\in B_2}=q(x,\ y,\ z,\ t)$$

式中：H——含水层水位（m）；

H_0——初始水位（m）；

H_1——各含水层层边界水位（m）；

K_{xx}、K_{yy}、K_{zz}——x，y，z 方向的渗透系数（m/d）；

S_s——承压水储水系数（无量纲）；

q——第二类边界上的单宽流量（m²/d）；

$\Im$——汇源项强度（m/d）；

B_1、B_2——分别为水头边界、流量边界；

Ω——渗流区域（m^2）；

t——时间（d）。

（三）数值模型

1. 模拟软件的简介

Visual Modflow 软件程序是建立在有限差分方法的基础上，主要有基本子程序包（BAS）、计算单元间渗流子程序包（BCF）、井流子程序包（WEL）、补给子程序包（RCH）、定水头子程序包（CHD）、河流子程序包（RIV）、沟渠子程序包（DRN）、蒸发蒸腾子程序包（EVT）、通用水头子程序包（GHB）等，有强大的后处理功能，便于用户制图。

2. 计算区域剖分（空间离散）

在一定剖分原则基础上对计算区域进行网格剖分。计算时在 X、Y 方向上等距剖分 150×150 个网格，总网格共计 22500 个，其中将模拟范围外的网格设为不活动单元格（不参与模型计算）。剖分见图 3-2、地层结构立体示意图见图 3-3。

3. 确定模拟期

为了描述地下水系统的数学模型收敛、稳定，本次模型识别计算时期为 2010年 7 月~2011 年 9 月，满足一个水文年要求。为了使模型能反映地下水变化规律，并考虑到资料的详细程度，确定以 1 个月作为一个应力期，每个应力期内包括若干时间步长，时间步长由模型自动控制。

4. 边界条件和初始条件处理

（1）边界条件的概化。

侧向边界：根据模拟区地下水含水系统的结构特征，结合水文地质条件，并充分考虑到各含水层之间的水力联系特征，第四系在 A 铁矿南区区域全区分布，在地质报告中计算矿井涌水量时作为无限含水层，矿区位于区域中部靠北，距离区域边界较远，从实测水位流场可知，地下水流向近南北（由北向南）。因此，矿区边界均为人为划定边界，可概化为通用水头边界。理由如下：

1）人为边界处理方法一般采用二类边界或者三类边界。通用水头边界可以根据研究区内水位变化情况自动调整计算边界流量大小，而采用断面法的给定流量边界，不但存在人为计算误差，而且边界流量是一个固定的值，不符合实际情况。

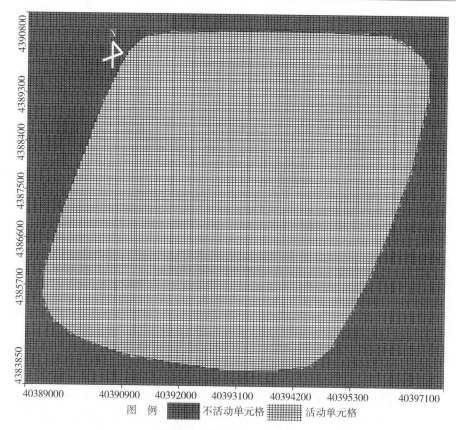

图 3-2 数值模拟网格剖分

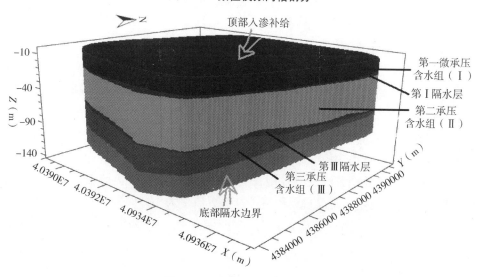

图 3-3 地层结构立体示意

2）给定水头边界一般认为在某一段上为一个固定的值，而通用水头边界在研究区边界的网格点上的值都存在区别，更好地反映实际的水文地质情况。

3）给定流量边界一般适用于边界流量相对比较确定时候，比如山区流入平原区的地下水流量，通用水头边界适用性更加广泛，虽然是一种假想的水文地质条件，但是经过调适后的参数可适用于较多的边界情况，从而达到模型的精度要求。

垂向边界：模拟区上边界均为潜水面，模拟区底部均为厚 25 ~ 30 米黏质砂土、砂质黏土和黏土层，天然状态下，上部含水层与下界基岩含水层水量交换微弱，基本可以忽略不计，因此将其概化为隔水底板。

（2）初始条件。

研究区内三个含水层之间有相对隔水层，在空间上各自独立，但彼此又具有较密切的水力联系。由于近年来当地工农业、小型矿业的发展，矿区及附近区域对第四系含水层的开采越来越大，尤其是当Ⅰ、Ⅱ含水组水量不满足时，更加大对Ⅲ含水层的开采，使原来有隔水层分隔的含水层互相沟通。据 2007 年 12 月监测显示，三个含水层的水位基本一致。

因此，本次模拟采用 2011 年 9 月统测的第四系含水层水位数据，采用内插和外推法获得第四系含水层的初始水位等值线，作为第四系三个含水层初始水位，其初始水位等值线图如图 3 - 4 所示。

5. 源汇项的处理

研究区内地下水补给项主要为降雨入渗补给和新河入渗补给，另有上游地下水的侧向补给；地下水排泄项为侧向径流排泄和蒸发排泄。

模型中的降雨入渗用 MODFLOW 系统提供的 RCH 子程序包计算，以含水层面状补给率的形式给出；侧向补给侧向径流量用 GEB 子程序包计算，将侧向径流量分配到每个单元格上的；潜水蒸发排泄利用 MODFLOW 中蒸发函数子程序包（EVT）来计算，根据模拟区包气带特征确定潜水蒸发最大速率和极限埋深。

（1）大气降水入渗补给。

在模型中大气降水入渗补给量的计算公式为：

$$Q_降 = \sum_i \lambda_i P_i A_i$$

式中：$Q_降$——多年平均降水入渗补给（m^3/d）；

P_i——多年平均降水量（mm/yr）；

λ_i——降水入渗系数；

A_i——计算区面积（平方千米）。

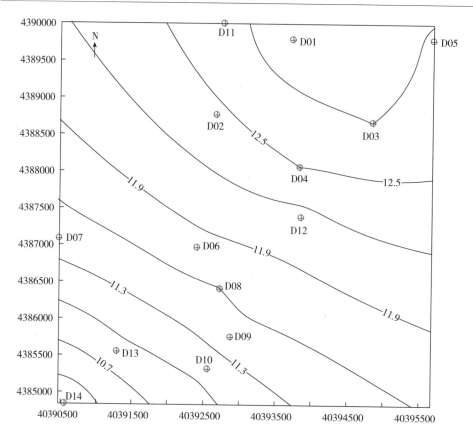

图3-4 第四系三个含水层初始水位等值线

根据模拟区属温暖带大陆性季风气候，及多年平均降雨量和第四系岩性，将大气降水入渗系数分为三个区，其入渗系数分别为0.36、0.33和0.3。

在模型中计算大气降水入渗补给量时，采用RECHARGE（补给）模块来处理，将该补给量作用于最上一层活动单元。

（2）潜水蒸发。

潜水蒸发排泄是区内地下水的主要排泄方式之一。根据气象站资料：多年平均蒸发量为1100.7毫米，潜水蒸发系数取0.035，计算中所用的潜水极限蒸发深度取为4米。采用以下公式计算各单元潜水蒸发量：

$$E = E_0 \times 0.035$$

$$Q_{蒸} = E\left(1 - \frac{S}{\Delta s}\right)^n A \qquad 当 s < \Delta s$$

式中：$Q_{蒸}$——计算区潜水蒸发排泄量（m^3/d）；

E_0——多年平均蒸发量（mm/yr）；

E——大水面蒸发度（mm/yr）；

s——潜水水位平均埋深（m）；

Δs——潜水极限蒸发深度（m）；

A——计算区面积（平方千米）

n——本次计算取1。

在 MODFLOW 采用 EVT 模块进行刻画。

（3）河流。

根据前述的概念模型，区内河流可处理为河流边界，在模拟过程中采用 River 模块进行计算。首先根据 1:2000 数字化电子地形图确定区内各河流的分布位置，然后根据各河流各测流点的水位资料，确定各河流不同位置的河床标高。

（4）第四系含水层越流补给基岩含水层水量的确定。

根据《地下水动力学》（薛禹群）和《专门水文地质学》（迟宝明）关于越流量及相关参数的计算及论述，估算了第四系含水层向基岩含水层的越流补给量。其计算公式为：

$$Q = \frac{2\pi Ts}{\ln \dfrac{1.123B}{r}}$$

其中：$B = \dfrac{Tb}{K}$

式中：Q——第四系含水层的越流量（m^3）；

s——基岩含水层水位降深（m）；

T——基岩含水层的导水系数（m^2/d）；

B——越流因素（m）；

K——第四系底板相对隔水层的渗透系数（m/d）；

b——相对隔水层的厚度（m）。

通过计算，理想状态下，第四系含水层向基岩含水层越流补给量为590m^3/d，在模型模拟计算过程中，概化为抽水井，采用 WELL 模块进行刻画。

6. 水文地质参数的选取

水文地质参数的选取对于模型计算是至关重要的，其合理与否直接影响到模型的计算精度和结果的可靠性。本次参数的选用主要参考 A 铁矿地质报告中群孔抽水试验得出的各含水层非均质分区图，垂向渗透系数取水平方向的 1/10（各向异性研究的经验值）。

7. 模型识别与验证

模型识别验证就是数学运算中的解逆问题，在地质上可以理解为对均衡区水文地质条件的一次全面验证。做法上主要是通过调整水文地质参数，同时也对边界条件及边界上的交换水量进行必要的调整，经过反复调整与试算，使计算的水位值与实测的水位值之差最小，从而达到数值仿真的目的。本模型检验从地下水流场、水均衡和水文地质参数三方面进行检验。

（1）地下水流场的验证。

根据矿区已做的群孔抽水资料（第二群孔），本次应用模型模拟了群孔抽水试验，通过拟合群孔抽水降深图来识别和校正模型。在初步得出降水图之后，与矿区已知的降深图进行比较，从而调整水文地质参数，经反复调试，其地下水流场的拟合结果如图 3 - 5 和图 3 - 6 所示，吻合情况较好。

（2）均衡项拟合。

将模型计算出均衡项与实际均衡项对比，如表 3 - 10 所示。

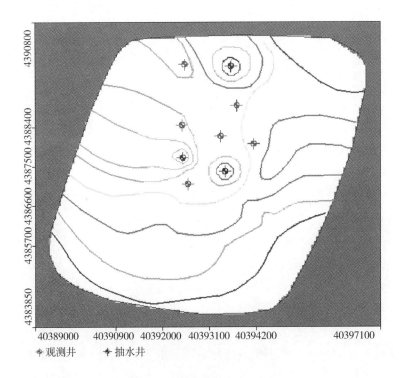

图 3 - 5　数值模拟群孔抽水降深

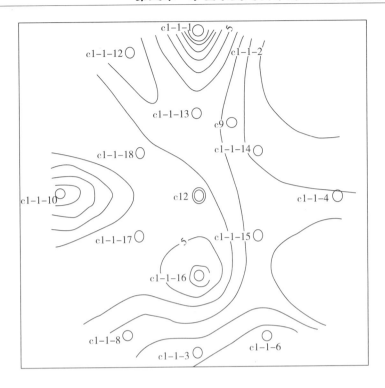

图 3-6 现场群孔抽水试验降深

表 3-10 均衡项拟合

均衡项	类别	实际均衡水量 （万立方米/公亩）	模拟均衡水量 （万立方米/公亩）
各项补给量 （万立方米/公亩）	降雨入渗补给量	68.44	67.98
	地下水侧向径流补给	278.74	279.25
总补给量（万立方米/公亩）		347.18	347.23
各项排泄量 （万立方米/公亩）	蒸发排泄量	158.1	154.79
	河流排泄量	24.21	28.14
	地下水侧向径流排泄	165.78	169.53
总排泄量（万立方米/公亩）		353.09	352.46
总均衡（万立方米/公亩）		−5.91	−5.23

从表 3-10 中可以看出，模型计算值与实际值差别不大，且补给量排泄量基本相等，即正负均衡差基本为零。

8. 模型识别后的水文地质参数值

研究区的含水层给水度、孔隙度、包气带的垂向渗透系数均为本次水文地质调查得到的资料。而本区含水层的渗透系数在参数识别的过程中进行了分区和调参。

通过参数分区和调参，含水层的渗透系数值如表3-11所示。由于Ⅰ区处于山前，因此渗透系数相对较大；根据A铁矿环境水文地质调查报告和勘探报告，从总体上看，整个研究区含水层的渗透系数符合水文地质条件的变化规律。

表3-11 第四系各含水层水文地质参数分区

含水层	参数分区	K（米/天）	Ss	μ
第一含水层	Ⅰ	15	0.017	0.18
	Ⅱ	334	0.017	0.26
	Ⅲ	32	0.017	0.19
	Ⅳ	212	0.017	0.25
	Ⅴ	84	0.017	0.21
第二含水层	Ⅰ	47	1.1×10^{-6}	0.20
	Ⅱ	178	5.75×10^{-6}	0.24
	Ⅲ	71	8.95×10^{-6}	0.21
	Ⅳ	101	7.67×10^{-6}	0.22
	Ⅴ	240	5.62×10^{-6}	0.26
	Ⅵ	350	5.1×10^{-6}	0.28
第三含水层	Ⅰ	144	5×10^{-6}	0.23
	Ⅱ	70	6.55×10^{-6}	0.26
	Ⅲ	47.7	6.55×10^{-6}	0.26
第一弱透水层	Ⅰ	8.68×10^{-4}	2.94×10^{-4}	
	Ⅱ	4.34×10^{-4}	2.2×10^{-4}	
	Ⅲ	1.3×10^{-3}	2.79×10^{-4}	
	Ⅳ	1.74×10^{-4}	1.67×10^{-4}	
	Ⅴ	1.0×10^{-3}	2.29×10^{-4}	
	Ⅵ	1.99×10^{-4}	1.99×10^{-4}	
	Ⅶ	1.3×10^{-4}	3.29×10^{-4}	

续表

含水层	参数分区	K（米/天）	Ss	μ
第二弱透水层	I	9.78×10^{-4}	9.2×10^{-5}	
	II	2.18×10^{-4}	1.15×10^{-4}	
	III	1.41×10^{-4}	1.13×10^{-4}	
	IV	5.44×10^{-4}	1.48×10^{-4}	

综上所述，由流场检验、水均衡检验及水文地质参数检验可知，所建立的模型基本达到精度要求，符合研究区水文地质条件，基本反映了本区地下水系统的动力特征。

二、地下水水量影响预测与评价

（一）对地下水水位影响范围的预测

在 A 铁矿的开采过程中，为了确保安全生产，需要对基岩含水层进行疏放水，在开采范围内基岩含水层水位需降至 −450 米矿体底板，因此疏降后基岩含水层与上覆含水层易形成较大的水位差，若基岩含水层与上覆含水层没有隔水层，即两含水层之间有水力联系，将大幅影响浅层地下水的水位，同时也大大影响安全开采；若中间存在弱透水层，则易发生越流，越流量的大小决定了对浅层含水层水位的影响；若存在较为完整且连续的隔水性能较好的隔水层，则对浅层含水层影响不大。

A 铁矿基岩含水层与第四系含水层之间存在一相对隔水岩段，其岩性为黏质砂土、砂质黏土和黏土，且 A 铁矿 −150 米水平以上矿体作为护顶矿柱不开采，保证了这一隔水岩段的完整连续性，因此其隔水性能较好。但在 A 铁矿开采后，基岩含水层水位大幅下降，与上覆第四系含水层水位形成较大的水位差，第四系含水层将越流补给基岩含水层，因此，第四系水位将受到一定的影响。

本次利用地下水数值模型预测了开采 −450 米水平后和开采完所有矿体后对第四系地下水水位影响范围，即预测了开矿 8 年后和 32 年后各含水层地下水水位流场的变化。

1. 开采 8 年后对第四系各含水层水位的影响

根据预测结果，A 铁矿开采 8 年后各含水层的水位同初始等水位线相比都有所下降，但是下降幅度不大，通过输出各计算单元格的水位标高，与初始水位标高相比得出，第一含水层水位下降了0.1～0.5米；第二含水层水位下降了0.1～0.55米；第三含水层水位下降了0.1～0.7米（其中最大值是漏斗中心水位下降值）。从这些数据分析可以看出，第四系各含水层水位联系较密切，第三层含水层越流补给基岩含水层，同时也影响到了第四系第一和第二含水层的水位。开采第8年后各含水层地下水等水位线如图3-7所示。

2. 开采32年后对第四系各含水层水位的影响

根据预测结果，A铁矿开采32年后（矿体全部开采后）各含水层的等水位线同8年后等水位线相似，变化不大，这是由于第四系含水层厚度大、分布广泛、富水性强、渗透性好，区域范围内是一个统一的地下水系统，水资源更新快且补给充足，在A铁矿开采初期，由于第四系越流补给基岩含水层，矿区范围水位略有下降，经过一段时间后，第四系含水系统将达到新的平衡，出现"似稳状态"，其水位只在漏斗中心有所下降，下降幅度不大。

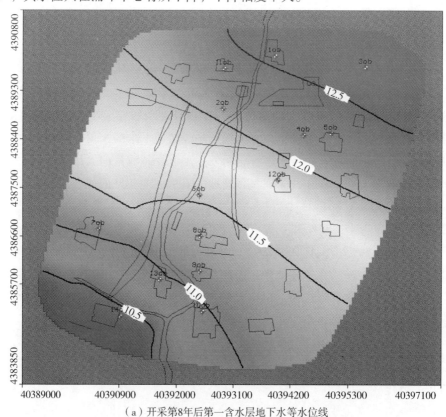

（a）开采第8年后第一含水层地下水等水位线

图3-7 开采第8年后各含水层地下水等水位线图

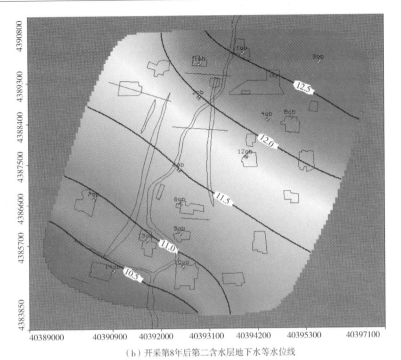

（b）开采第8年后第二含水层地下水等水位线

（c）开采第8年后第三含水层地下水等水位线

图 3-7 开采第 8 年后各含水层地下水等水位线图（续图）

通过输出各计算单元格的水位标高，与初始水位标高相比得出，第一含水层水位下降了 0.1~0.5 米；第二含水层水位下降了 0.1~0.55 米；第三含水层水位下降了 0.1~0.8 米。从这些数据分析可以看出，第一含水层和第二含水层中水位标高下降 0.5 米和 0.55 米的数据有所增多，第三含水层出现了水位下降 0.8 米的数据，且水位下降 0.7 米范围有所增大（见图 3-8）。

（二）水资源保护目标的影响分析

1. 铁矿开采对第四系含水层的影响分析

矿区全部被第四系更新统地层所覆盖，厚度一般为 100~120 米。根据设计，A 铁矿采用阶段空场嗣后充填采矿法，该方法的主要特点是对采空区进行及时充填，避免大规模的地表塌陷和错动，充填体能有效地控制顶板及覆岩的变形。全

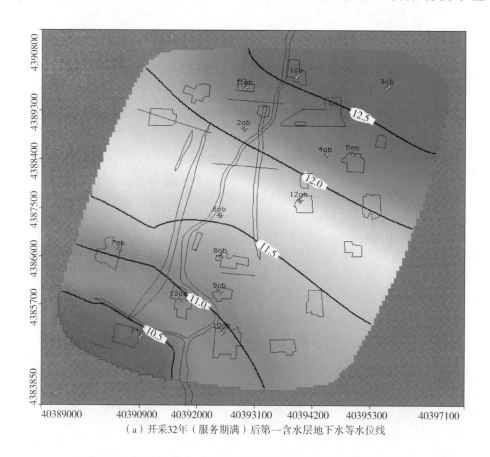

（a）开采 32 年（服务期满）后第一含水层地下水等水位线

图 3-8　开采第 32 年（服务期满）后各含水层地下水等水位线

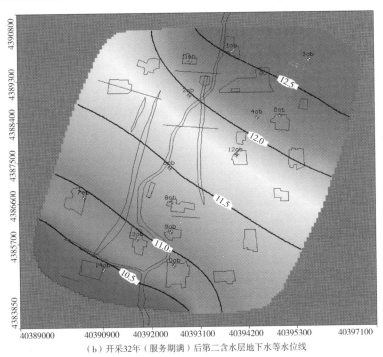

（b）开采32年（服务期满）后第二含水层地下水等水位线

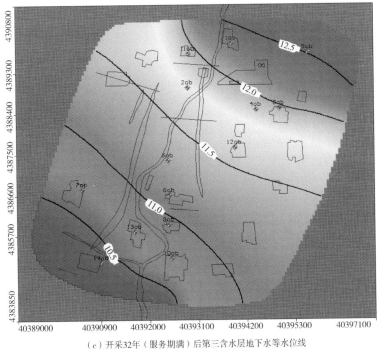

（c）开采32年（服务期满）后第三含水层地下水等水位线

图3-8 开采第32年（服务期满）后各含水层地下水等水位线（续图）

部接顶后，直接顶不会被破坏。同时，设计将 A 铁矿 -150 米以上 (-150 ~ -120米) 矿体作为护顶矿柱，即在矿体分布范围内 -150 米水平以上矿体均不开采，以保护第四系含水层，可以大大地减轻第四系含水层对矿床充水的影响。

根据上述预测结果，第四系各含水层水位联系较密切，第三层含水层越流补给基岩含水层，同时也影响到了第四系第一和第二含水层的水位。A 铁矿 -450 ~ -350 米开采完后 (8 年后) 各含水层的水位同初始等水位线相比都有所下降，但是下降幅度不大，第一含水层、第二含水层和第三含水层水位下降分别为 0.1 ~ 0.5 米、0.1 ~ 0.55 米和 0.1 ~ 0.7 米 (其中最大值是漏斗中心水位下降值)。A 铁矿开采完后 (32 年后) 各含水层的等水位线同 8 年后等水位线相似，变化不大，由于第四系含水层厚度大，分布广泛，富水性强，渗透性好，区域范围内是一个统一的地下水系统，水资源更新快且补给充足，经过一段时间，第四系含水系统达到新的平衡，水位只在漏斗中心有所下降，下降幅度不大。第一含水层、第二含水层和第三含水层水位下降分别为 0.1 ~ 0.5 米、0.1 ~ 0.55 米和 0.1 ~ 0.8 米。第一含水层和第二含水层中水位标高下降 0.5 米和 0.55 米的数据有所增多，第三含水层出现了水位下降 0.8 米的数据，且水位下降 0.7 米的范围有所增大。

综上所述，A 铁矿开采对基岩疏降水对第四系含水层的水位、水量影响不大。

2. 矿山开采对基岩含水层影响分析

由于矿体赋存于基岩地层中，A 铁矿开采不可避免会对基岩裂隙承压含水层造成一定程度的疏干影响，且随着开采时间的延长，矿坑长年疏干排水将使基岩裂隙水含水层储存水量逐渐减少，当矿坑涌水量超过地下水天然补给量时，基岩承压水层地下水位就开始逐渐下降。但由于地下基岩裂隙水渗透系数小，含水性和透水性相对较弱，采空区又能够得到及时充填，因此，阶段采空区的地下水位降深影响范围会比较小，矿坑涌水量可基本维持一个相对稳定的数量。

矿坑排水会使矿井周围的地下水位下降。在 -450 米水平进行开采时，矿井水位必然将降到开采面位置，因此，矿井开采深度为 -450 米时，矿井地下水位降深值为 442.65 米。由此计算的矿坑排水的最大引用影响范围为 $R_0 = 2.16$ 千米。在此范围之内，以采矿区为中心的区域内水位最大降深为 442.65 米；此范围之外，A 铁矿用水对基岩含水系统水位的影响趋无。综上，本书研究认为本矿开采对基岩含水层有影响，但充填法开采一定程度上减轻了影响程度。

3. 铁矿开采对矿区周边村庄水井的影响分析

矿区周边居民生活用水均取用第四系孔隙潜水，为了研究第四系含水层的水位下降对各村庄水井的影响，我们以现状调查的 14 个观测井为水位观测井，对其水位下降进行了模拟观测，通过模型运行，得到水位随时间的变化曲线，见图 3－9。14 个观测井观测层位均为第一含水层，由图 3－9 可以看出，各个观测孔水位均有所下降，且在大约 3 年后达到动态平衡，3 年往后水位略有下降趋势。通过分析可知，水井位于渗透性较好的区域且距离矿体较近的地方，水位下降较明显，例如水井 1、11 和 14，水井 11 水位下降幅度明显大于 1（11 和 1 位于同一渗透系数区域内），水井 11 距离矿体较近；水井 1 和 11 水位下降较水井 14 明显，14 位于渗透性较差区域。

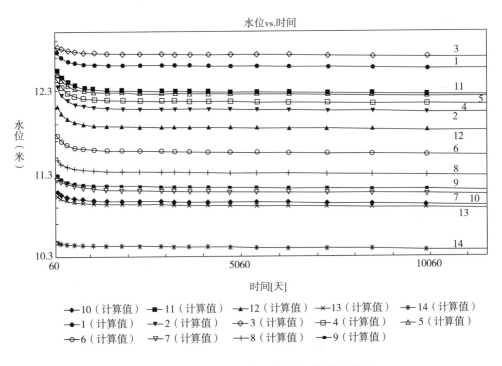

图 3－9　模型模拟 14 个观测孔随时间变化曲线

由以上分析可以看出，基岩含水层疏水对第四系水位影响在可控范围内，从模型预测的 14 个水井的数据可以看出，水位下降最大的是水井 12，水位最大降幅仅为 0.3 米。且值得注意的是，两个矿体的开采顺序，均由下至上，先开采－450 米水平的最深矿体，随着开采水平的不断提升，地下水的涌水量和漏斗影响范围会逐渐减小。在第四系含水层底板不被破坏的前提下，第四系越流补给量会越来越小，因此对第四系水位影响将会更小。

根据上述预测结果，A 铁矿开采后第四系含水层水位变化很小，对周边村庄水井的影响很小；同时，设计将 –150 米以上矿体作为护顶矿柱不开采，保护第四系，项目采取阶段空场嗣后充填采矿法，控制地表不产生塌陷，不会破坏第四系含水层，不会出现第四系水源井干涸无水的现象，对当地居民生活用水影响不大。

4. 矿山开采对河流的影响分析

A 铁矿矿区附近的地表水体主要河流有 L 河、沂河、新河等。矿区内有新河通过。

L 河是流经本区的最大河流，从矿区东部缓缓流过，距矿区最近距离约 2.5 千米；沂河为时令河，发源于滦县栗园村北，全长 85 千米，流域面积 618 平方千米，流量仅 0.69 立方米/秒。由前面的分析可知，矿体开采对第四系含水层影响较小，因此，开采对矿区上方河流影响较小，河流水量漏失可能性较小。

5. 矿山开采对地下水水量的影响分析

本矿开采可能受影响的地下水资源为第四系含水层及基岩含水层水量。根据采矿工艺，在本矿坑内开采时，采用不破坏顶板的胶结充填法，地表几乎不产生错动，不破坏第四系含水层，因此，对地下水资源的影响主要考虑基岩地下水资源。

基岩含水系统在排水过程中将由承压转无压。由于 A 铁矿开采与南区铁矿开采同时进行，地下水位同时下降，在二个矿之间形成一个"分水岭"，可视为隔水边界，因此采用下述公式计算矿坑涌水量：

$$Q = \frac{1.366K(2S - M)M}{\lg R_0^2 - \lg(2dr_0)}$$

$$R = 10S\sqrt{K}$$

式中：

Q——地下水涌水量，立方米/天。

K——含水层的平均渗透系数，米/天；根据相关水文地质勘察报告的抽水试验结果计算，取基岩裂隙含水层平均渗透系数 $K = 0.218$ 米/天。

M——含水层厚度，米；根据相关水文地质勘察报告，A 铁矿 –450 米水平以上基岩裂隙含水层平均厚度为 119.68 米。

S——水位降深，米；基岩裂隙水地下水位标高 11.8 ~ 13.51 米，取其平均值为 12.65 米。由于 –430 米以下可视为隔水层，水头降深取为 442.65 米。

d——大井距隔水边界距离，米。根据 A 铁矿开采设计，d 取 1300 米。

r_0——"大井"半径，米。$r_0 = \sqrt{F/\pi}$，F 为采矿盘区开挖面积，单位平方米。计算得到，–450 米水平时，$r_0 = 95.27$ 米。

R_0——引用影响半径，米；$R_0 = R + r_0$。计算得 R_0 为 2161.6 米。

地下水涌水量计算结果如表 3–12 所示。

表 3–12　铁矿变质岩裂隙承压水涌水量计算结果

开采水平	K	S	M	R_0	r_0	R	Q
–450	0.218	442.65	119.68	2161.6	95.27	2066.33	21385.44

由表 3–12 可见，A 铁矿正常涌水量为 21385.44 立方米/天，水位降深 442.65 米，影响半径为 2066.33 米，水源为基岩裂隙水。以上数据为无充填条件下的结果。因 A 铁矿矿区采用胶结充填的采矿法，及时截断了地下汇流路径，基岩裂隙水含水层的地下水位降深及影响半径将比以上计算值大大减小。A 铁矿矿区年生产新水水源为采矿井下涌水，充水水源为基岩裂隙水。由于采矿采用胶结充填的采矿法，不会产生地面塌陷，也不会造成对第四系含水层大的影响。矿区年生产新水用水量全部是利用矿坑涌水，对当地经济发展中水资源的配置规划影响不大。矿坑排水疏干主要在基岩裂隙承压水层采矿区周边局部形成一定范围的降落漏斗，影响局地水文地质环境。但由于采矿对第四系含水层扰动不大，因此不会对当地农牧业灌溉用水和居民生活用水等方面造成大的不利影响。

（三）地下水水量影响预测与评价的原则归纳

通过以上研究，总结出矿山开发项目地下水水量影响预测与评价的原则如下：

（1）通过多个含水层的分层模拟，全面刻画水文地质条件，并且充分考虑层间水力联系；

（2）综合定量分析水位、水量变化，通过不同时间节点的预测结果反映影响变化趋势；

（3）重点关注对具有供水意义的浅层水的影响分析。

三、地下水水质影响预测与评价

选矿厂工业场地内布置有浓缩池和临时废石堆场，南副井工业场地布置有废石临时堆场，本章以选矿厂、南副井工业场地为主要污染源产生区域，对周边地下水水质的影响进行了预测。由于浓缩池和临时废石堆场产生的污染源种类及污染途径有差异，因此本次污染预测评价将浓缩池污染和临时废石堆场污染分开模拟预测。

（一）临时废石堆场对地下水环境的影响

研究区内在选矿厂工业场地和南副井工业场地均布置有临时废石堆场，通过对各含水层参数及污染物运移距离估算分析，矿区开采区域水流模型满足污染物运移模型的需求，且溶质运移计算精度满足要求，因此，在矿区开采区域水流模型的基础上建立水质三维模型。

1. 临时废石堆场包气带的防污性能分析

研究区包气带的岩性主要为细砂、粉砂、粉土、粉质黏土等，根据补勘报告水位调查点附近的野外渗水试验，大部分地区有一弱透水~不透水的粉土、粉质黏土层，渗透系数 $k = 0.207 \sim 0.00006$ 米/天（弱透水~微透水~不透水，$k = 1.0 \sim 0.01 \sim 0.001$ 米/天），因此，能够延缓地表水污染物下渗速度。由于研究区所处地质单元单一，为 L 河漫滩阶地，临时废石堆场包气带垂向渗透系数及岩性参考附近调查点渗水试验资料，具体情况见表 3 - 13，可知临时废石堆场包气带垂向渗透系数较大，其防污性能较差。

表 3 - 13　选矿厂、南副井场地包气带参数

场地	包气带厚度（米）	地表渗透系数（米/天）	地表0.5米以下渗透系数（参考附近钻孔号）
选矿厂	4.3 ~ 7.5	1.728 ~ 5.760	D01、D03
	4.7 ~ 8.3	3.456 ~ 6.336	D02、D04
南副井工业场地	9.80	5.760	D06

2. 临时废石堆场地质及水位地质条件

（1）选矿厂工业场地临时废石堆场。

1）选矿厂临时废石堆场地层岩性及特征。根据钻探揭露，选矿厂场地内自上而下主要岩土层分布为：上部为第四系全新统（Q_4）冲洪积成因的粉土、圆砾、粉砂；中部为上更新统（Q_3）冲洪积成因的粉土、卵石、圆砾、中砂、砾砂；下部为中更新统（Q_2）冲洪积及残积成因的中砂、中粗砂、粉质黏土、黏土、砂质黏性土；底部为上太古界滦县司家营组（Ar2S）混合花岗岩、黑云变粒岩、伟晶岩、黑云变粒岩。

2）选矿厂临时废石堆场岩土层水文地质特征。

（2）含水层特征。

1）第四系孔隙潜水含水层（段）。其岩性为耕植土、粉土、圆砾、粉砂、卵石、中砂、砾砂、粉质黏土。根据主井（zk1）钻孔揭露，与矿区第四系含水层特征一致，分为三个含水层和四个隔水层。其中20.1～28.6米为粉土（属第Ⅰ隔水层），55.3～55.5米为夹粉质黏土，70.0～72.0米为粉质黏土（属第Ⅲ隔水层）。

表 3 – 14　岩土层分布

钻孔名称	岩土层分布	主要岩性	总厚度（米）	层底标高（米）
主井（zk1）	第四系岩土层	共20层，岩性为耕土、粉土、粉砂、中砂、中粗砂、砾砂、圆砾、卵石、粉质黏土、黏土、砂质黏性土	134.2	-116.65
	风化层	共3层，全风化混合花岗岩、强风化混合花岗岩、中风化混合花岗岩	40.2	-156.85
	基岩层	共42层，混合花岗岩、黑云变粒岩、伟晶岩	揭露厚度511.3 米	-668.15
1 号副井（zk2）	第四系岩土层	共14层，岩性为耕土、粉土、中砂、中粗砂、砾砂、圆砾、卵石、粉质黏土、黏土、砂质黏性土	140.7	-122.98
	风化层	共2层，全风化混合花岗岩、强风化混合花岗岩	28.9	-151.88
	基岩层	共36层，混合花岗岩、黑云变粒岩、伟晶岩	揭露厚度382.1 米	-533.98

2）基岩风化裂隙含水层（段）。其岩性为全风化混合花岗岩、强风化混合花岗岩（局部夹石英伟晶岩脉）和中风化混合花岗岩等。原岩结构基本全部破坏，节理裂隙发育，铁质钙质充填。该层段稳定水位埋深10.35米，抽水试验结果为 $S = 63.15$ 米，$Q = 55.73$ 立方米/天，渗透系数 $K = 0.033$ 米/天，单位涌水量 $q = 0.010$L/s. m，属弱富水性含水层（段）。

3）基岩构造裂隙及构造破碎带含水层（段）。其岩性为黑云变粒岩，见铁质、钙质及多层断层泥，钾化现象普遍，为一含水、导水层（段），水位埋深12.55米，抽水试验结果为 $S = 11.5$ 米，$Q = 187.66$ 立方米/天，渗透系数 $K = 0.56$ 米/天，单位涌水量 $q = 0.189$L/s. m，属中等富水性含水层（段）。水质类

型为 $HCO_3 + SO_4 + Cl - Na$ 型水。$pH = 7.02$，矿化度 0.66 克/升。

（3）隔水层特征。

第一隔水岩段厚度分布不稳定，且含有粉砂薄层，隔水作用有限，可视为弱隔水层（段）；第二隔水层（段）岩性为粉质黏土，可塑—硬塑，位于第 II 含水层组底板，属矿区第 III 隔水层，是较好的隔水层；第三隔水层（段）岩性为粉质黏土、黏土、砂质黏性土，其间夹有粗砂，属矿区第 IV 隔水层。该层直接覆盖于基岩之上，勘察孔位置未发现天窗，是良好的隔水层。

（4）各含水层的水力联系。

场地第四系孔隙潜水含水层（段）与基岩风化裂隙含水层（段）之间由于第三隔水层（段）（厚度 36.0 ~ 44.1 米）的存在，不存在水力联系。第四系孔隙潜水含水层（段）主要补给来源为大气降水，孔隙潜水的水位与大气降水关系密切，排泄途径为地下径流、人工开采及植被蒸发。基岩风化裂隙含水层（段）属古老风化壳裂隙含水带，其富水性决定于风化裂隙发育程度，其补给来源为区域风化带的裂隙渗流。

（二）南副井工业场地临时废石堆场

由前面分析可知，临时废石堆场污染物运移模型可以在矿区开采区域水流模型基础上建立，水流模型经识别和验证后，拟合结果相对较好。因此模型得到的水文地质参数较为准确可靠。根据水流模型拟合得到的各种水文地质参数输入模型，设置污染物质的水质参数，进行污染运移模拟，预测 32 年内的扩散转移趋势，分析其迁移转化规律。

1. 地下水水质三维数学模型

$$\frac{\partial c}{\partial t} = \frac{\partial}{\partial x}\left(D_{xx}\frac{\partial c}{\partial x}\right) + \frac{\partial}{\partial y}\left(D_{yy}\frac{\partial c}{\partial y}\right) + \frac{\partial}{\partial z}\left(D_{zz}\frac{\partial c}{\partial z}\right) - \frac{\partial(\mu_x c)}{\partial x} - \frac{\partial(\mu_x c)}{\partial y} - \frac{\partial(\mu_x c)}{\partial z} + f$$

$$c(x, y, z, 0) = c_0(x, y, z) \qquad (x, y, z) \in \Omega, \ t = 0$$

$$(cv - Dgradc) \cdot n\big|_{\Gamma_2} = \varphi(x, y, z, t)(x, y, z) \in \Gamma_2, \ t \geq 0$$

式中，右端前三项为弥散项，后三项为对流项，最后为由于化学反应或吸附解析所产生的溶质的增量；D_{xx}、D_{yy}、D_{zz} 分别为 x、y、z 三个方向的弥散系数；μ_x，μ_y，μ_z 分别为 x，y，z 方向的实际水流速度；c 为溶质浓度。

Ω 为溶质渗流的区域，Γ_2 为二类边界；C_0 为溶质浓度；φ 为边界溶质通量；ν 为渗流速度；$gradc$ 为浓度梯度。

联合求解水流方程和溶质运移方程就可得到污染质的运移结果。

2. 水质数值模型参数的设置

水质数学模型是在三维水流模型基础上建立的，在识别验证过的模型设置污染物运移的各种水质运移参数，地下水溶质运移模型参数主要包括弥散系数、有效孔隙度和岩土密度。有效孔隙度根据岩性和经验值确定，岩土密度根据勘察的实测数据确定。弥散系数的确定相对比较困难，即使是进行野外或室内弥散试验也难以获得准确的弥散系数。因此，模型中参考前人的研究成果，本次模拟弥散度参数值取 10 米。

3. 污染源强的设定及情景设置

临时废石堆场污染物通过废石堆场底部范围作为面源污染随地下水发生迁移。根据尾矿、废石浸出试验，废石浸出液中检出的离子有砷、铅和氟化物，其浓度分别为 0.0006 毫克/升、0.005 毫克/升和 0.08 毫克/升，均未超标。

本次模型模拟临时废石堆持续有补给的污染情景，选择砷作为污染特征离子模拟污染的扩散迁移。在模拟污染扩散时，重点考虑了对流、弥散作用，不考虑吸附作用、化学反应等因素。模拟预测时间设定为 32 年，模拟得出污染物浓度的时空变化过程，从而确定本区地下水环境的影响范围和程度。

4. 临时废石堆场对周边地下水水质的影响预测

在无防渗条件下，砷离子包气带上边界的浓度达到废石浸出液浓度，即 0.0006 毫克/升，利用 MT3D 模块运行模型，得到砷在 1 年、10 年、20 年和 32 年后的扩散结果。污染物包络线设置为 0.0001 毫克/升，即砷的最低检出浓度。

根据预测结果，污染物在临时废石堆场随降雨入渗进入地下水，在水平方向上主要沿着水流方向运移。1 年后，选矿厂工业场地临时废石堆场下渗污染物（砷）最远运移距离为 425.2 米，南副井工业场地临时废石堆场下渗污染物（砷）最远运移距离为 692 米（浓度为 0.0001 毫克/升），在垂向上临时废石堆场下渗污染物（砷）最远运移了 22 米，污染物未浸润弱透水层上部（临界状态），未进入第二承压含水层。南副井工业场地临时废石堆场下渗污染物（砷）运移了 30.6 米（见 1 年后横纵剖面图），穿透第一弱透水层进入第二承压含水层。5 年后污染晕增大，尤其南副井工业场地临时废石堆场，污染物向新河和马庄子运移，部分砷会随着河流和地下水的水量交换发生迁移，进入地表水中；在垂直方向上向下运移，浸润到第二弱透水层上部。32 年后，污染晕继续增大，选矿厂、南副井工业场地临时废石堆场下渗污染物（砷）最大运移距离分别为 2146.6 米和 1433 米左右，垂向上最大距离为 41 米和 45.8 米（浓度为 0.0001 毫克/升）。选矿厂、南副井工业场地临时废石堆场 As 的浓度为 0.0005 毫克/升的范围水平最大距离为 271 米和 464 米，垂向上最大距离为 24 米和 30 米。新河的位置地下水浓度达到 0.00025 毫克/升，马庄子浓度为 0.0001 毫克/升，远小于《地下水质量标准》（GBT14848—93）Ⅲ类标准——0.05 毫克/升，同时也小于河水中砷的背景值是 0.002 毫克/升。因此，选矿厂、南副井工业场地临时废石堆场废石堆放对周边地下水水质影响甚微。

（三）浓缩池泄漏对选矿厂周边地下水水质的影响

尾矿浓缩池位于研究区的选矿厂工业场地内，通过对各含水层参数及污染物运移距离估算分析，矿区开采区域水流模型满足污染物运移模型的需求，且溶质运移计算精度满足要求，因此，在矿区开采区域水流模型的基础上建立水质三维模型。

1. 事故污染源强的设定及情景设置

设计选矿废水闭路循环，在正常情况下不会对地下水产生影响。类比监测 A 铁矿一期工程选矿废水水质，根据监测报告，选矿废水超标污染物主要有硫酸根、铁、锰和氟化物，对于废水中污染物迁移，选定铁离子作为污染的特征因子，初始浓度设为废水水质监测报告中最大浓度 14.72 毫克/升，铁在地下水中的检出限为 0.1 毫克/升，超标浓度为 0.3 毫克/升。

假定选矿厂浓缩池底部发生渗漏，污染物在浓缩池底部范围内作为面源污染随地下水发生迁移。在正常工况条件下，假设选矿厂底部有跑冒滴漏，且持续补给，污染物浓度为选矿废水的 10%，即为 1.472 毫克/升；事故状态下，假设 Fe 初始浓度为 14.72 毫克/升，无持续补给源。

评价考虑正常工况和事故两种情景下，Fe 进入地下水后对周边地下水环境造成的影响。在模拟污染物扩散时，重点考虑了对流、弥散作用，不考虑吸附作用、化学反应等因素。模拟预测时间设定为 32 年，模拟得出 1 年、5 年、10 年、20 年和 32 年后的污染物浓度时空变化过程，从而确定本区地下水环境的影响范围和程度。

2. 选矿厂三维水质模型

根据上述分析可知，浓缩池泄漏污染物运移模型可以在矿区开采区域水流模型基础上建立。水流模型经识别和验证后，拟合结果相对较好。因此模型得到的水文地质参数较为准确可靠。根据水流模型拟合得到的各种水文地质参数输入模型，设置污染物质的水质参数，进行污染运移模拟，预测 32 年内的扩散转移趋势，分析其迁移转化规律。

3. 浓缩池废水对地下水水质的影响预测

（1）正常工况下浓缩池污染物下渗对地下水水质的影响。

正常工况条件下，假设污染物下渗后通过包气带到达地下水潜水面浓度达到1.472毫克/升，利用 MODFLOW 和 MT3D 软件，联合运行水流和水质模型，得到 Fe 扩散预测结果，Fe 超标浓度为0.3毫克/升，污染包络线设为0.1毫克/升（最低检出浓度）。

根据预测结果：在浓缩池废水渗漏后，污染物在水平方向主要沿着水流方向运移，即自北向南。1年后，污染物最远运移距离为539米（浓度为0.1毫克/升的范围），其污染范围还没有扩展到工业场地外。在垂向上最远运移了25米，污染物进入下伏第二承压含水层。超标范围最大直径为396米，垂向上运移了14.5米。10年以后，Fe 超标范围持续扩大，扩至北刘庄，北刘庄部分区域位于超标范围内，且垂向上仍有向下扩散的趋势，通过统计得出扩展了19米。32年后，污染晕继续增大，其最大直径为2443米左右（浓度为0.1毫克/升的范围），超标范围直径为1753米，垂向上最大运移距离为39米。

在模拟期内，污染物在水动力条件下主要向南运移，呈条带状，东西向扩展范围不大，从32年污染演化趋势看，污染物影响范围逐渐增大，但没有扩展至附近村庄，只对北刘庄部分区域有一定污染，因此，对当地居民的生产、生活用水水质影响不大。另外，本次模拟是假定持续有泄漏的情况，实际中这种情况较少，所以浓缩池正常工况下的泄漏对地下水水质影响不大。

（2）事故条件下浓缩池泄漏对地下水水质的影响。

事故条件下，假设浓缩池泄漏污染物通过包气带到达地下水潜水面浓度达到13.25毫克/升，即铁离子初始浓度为水质监测浓度的90%。利用 MODFLOW 和 MT3D 软件，联合运行水流和水质模型，得到 Fe 扩散预测结果，分别给出了模型运行1年、5年、10年后污染物的扩散范围，模型运行1年、5年、10年、13年、17年和18年污染物扩散的三维立体图，用来分析污染物瞬时大量泄漏后的迁移、扩散和转换规律。

根据预测结果：事故状态下，污染物在浓缩池泄漏1年后，最远运移距离为673米（浓度为0.1毫克/升的范围），与正常工况两种情景相比范围增大了将近134米。在垂向上最远运移了38米，污染物通过第一弱透水层进入第二承压含水层。超标范围最大直径为556米，垂向上运移了28米。

5年以后，Fe 超标范围持续扩大，且污染物随水流向南向下扩散、稀释，中心浓度明显降低，降低至1毫克/升，在平面上明显看到污染晕整体随着水流向南迁移，运移至工业场地外。这也说明第四系含水层系统循环更替较快。另外，北刘庄部分区域位于超标范围内，一定时间内受到一定的污染。10年后污染晕持续向南迁移，浓度持续下降，0.3毫克/升的范围明显减小。20年后，研究区内所有含水层内污染物浓度全部小于0.1毫克/升。

由于本区第四系三层含水层之间存在弱透水层，有很强的水力联系，在非正常工况条件下，应用污染物三维立体图更能说明污染物的扩散趋势。图中其包络线为Fe的最低检出限（0.1毫克/升），1年、5年和10年相比，污染物范围逐渐扩大，且通过天窗扩散至第三承压含水层。10年、13年和17年相比，污染物范围逐渐减小，污染物随水流扩散至更远的地方，使其浓度逐渐降低，18年后污染物基本消失，浓度低于最低检出限，由此可得，非正常工况下，污染物经过18年后才能完全消除，说明其自净周期还是比较长的。

通过分析可知，正常工况和事故条件存在很大差异，正常工况有持续污染源情景下，虽然进入地下水中污染物浓度不高，但因为存在补给源，污染范围逐渐增大，其浓度随着补给源的补给不断迁移，随着时间的推移，高浓度范围不断向外扩展，在这种情况下，污染物不容忽视。因此，在实际生产中，要定期对易漏的设备和装置进行检修，以免对地下水产生长期影响的污染源，影响地下水水质。而事故状态下，污染也不容忽视。由瞬时泄漏大量污染物模拟的结果看出，一旦高浓度的污染物进入地下水，其自净周期长，影响范围大，在特定条件下，也会对人们的生产、生活带来较大影响，所以对事故状态要采取积极有效的应急措施以保护地下水资源。

综上所述，本次模拟了Fe在不同情景下的污染运移情况，结果显示，污染扩散对周边村庄的大部分水井水质影响不大，北刘庄水源井部分受影响，污染物浓度超过Ⅲ类水质标准，但影响范围不大，在可控范围内需要对其加强监测。

（四）地下水水质影响预测与评价的原则归纳

通过以上研究，总结出矿山开发项目地下水水质影响预测与评价的原则如下：

（1）通过实测和资料分析，确定污染源的位置和排放强度；

（2）在采矿区水流模型的基础上，考虑含水层的层间污染物迁移因素，建立水质预测数值模型，通过不同时间节点的预测结果反映水质影响变化趋势；

（3）对非正常工况乃至泄漏事故状态进行预测分析，以全面反映矿山开发可能对地下水水质产生的影响。

第四章 矿山运营期水文地质保护管理方法

第一节 井工矿运营期地下水水量保护方法

一、优化开采

为有效防止地表沉陷错动，减少地表变形，保护地面村庄等建筑物和农田，避免破坏地下含水层，阻止地下水大量涌入井下，应优化开采方式。目前先进的采矿工艺有以下几种：胶结充填开采技术、大间距集中化无底柱分段崩落采矿法开采技术、挂帮矿回采技术、全面采矿法残留矿体回采技术等。

二、封堵阻拦

矿体赋存于基岩地层，对开采水平以上的基岩地下水有一定的疏干影响，区域地下水主要供水水源为第四系水，因此保护第四系水不漏失非常重要。高地下水压力的处理主要有排水为主和堵水为主两种方式。但是，排水措施容易导致不同程度的水害，而且减少了地下水水量，影响当地人民群众的生产生活，因而越来越多地采取封堵方式来解决地下水问题。推荐采用动水注浆堵水方案，在突水点继续向外涌水条件下，对突水点进行注浆封堵，采用"上阻，中拦，下堵"的方法，形成立体堵水格局，注浆工艺见图4-1。

三、矿柱保护

矿山开采时，应在基岩风化带之下预留一定厚度的护顶矿柱，以减少第四系强含水层通过接触带的风化裂隙水含水层对坑内开采的影响，从而减少地下水的漏失。

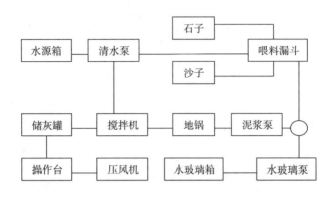

图4-1　注浆工艺流程

四、回用回注

矿井涌水全部回用，从而避免了新开采地下水，是对地下水资源很好的保护。多余的矿井水净化后排到自然界，可以重新参与地下水、地表水、蒸发、大气降水的循环，对生态环境来说也起到了一定的恢复作用，矿井涌水重新参与自然界的循环，也是对地下水资源很好的保护。

回注需要考虑两个主要因素：一是回注区域；二是回注时机。对于回注区域的选择，可选在距离矿区不远的有独立封闭的含水层，既不影响采矿安全，又以具备供水意义的含水层为佳。对于回注时机，可以选择某一独立含水层所在的矿层开采结束时期，在不影响开采安全的前提下，将矿井水回注到主要含水层，尤其是具有供水意义的第四系含水层，不失为一个保护和恢复地下水水量的好办法。现在国内已有很多的应用实例，梧桐庄矿矿井的回注设计（见图4-2）即为效果良好的案例。

五、保护方针总结

通过以上对地下水水质保护方法研究，对于井工矿，总结提出地下水水量保护的十六字方针为："优化开采，封堵阻拦，矿柱保护，回用回注"，可以为同类建设开发项目保护地下水量提供参考。

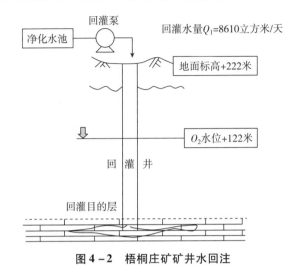

图4-2 梧桐庄矿矿井水回注

第二节 井工矿运营期地下水水质保护方法

一、减排内污

矿山开发项目运营期产生的污废水主要为生产废水、生活污水、矿坑涌水，如具备全部综合利用的条件，可以尽量不向外排放，从而避免对地下水水质造成影响。

二、隔离外污

很多矿区及周边会存在一些地下水污染源，例如造纸、化工、冶炼等企业，排放大量污水，使各河渠地表水受到不同程度的污染，地表水、地下水质量呈下降趋势。所以要采取措施，防止外源污染物进入矿区地下水含水层。

（一）施工期防治措施

施工中封堵所揭穿的含水层时，使用隔水性能良好且毒性小的材料，如 Fe、Mn 含量少且纯度高的高标号水泥。平硐中的排水沟管应与主体工程同时敷设，掘进过程所产生的淋水必须排入地面场地集水池中与施工废水一并处理，不得排入地表水体或地下就地入渗。

（二）运营期防治措施

对新建的井口做好防护措施，防止雨水、污水等流入井内，造成地下水污染；运营期对废弃钻孔进行仔细排查，发现泄漏点严格封堵。在周边的污染企业与矿山交界或者邻近处设置监测井，通过定期或不定期的监测，如果发现周边污染企业排放污水进入矿区地下水含水层，可及时预警并采取措施。

三、修复治理

（一）重金属污染防治和修复

随着矿山开采活动的进行，加剧了土壤重金属的污染，污染程度越来越重，范围也越来越广。地下水流经土壤，通过溶解和运移等作用，水质不可避免地受到土壤中重金属污染的影响，因此，研究场地重金属污染土壤修复，对于地下水水质保护，就显得尤其必要。

矿山开采活动中土壤重金属主要来源于固体废物污染。土壤重金属污染生态修复的具体方法很多，主要有生物修复技术和化学修复技术等：

1. 生物修复

首先，采取植物修复，在矿区周边可能受污染的土壤中种植当地适宜树种、灌木和草本植物，吸收重金属。

其次，采取动物修复，在矿区土壤中投放某些低等动物如蚯蚓，利用其可以吸收重金属的特性，在一定程度上降低污染土壤中重金属比例。

最后，采取微生物修复，微生物可通过直接的氧化作用或还原作用，改变重金属的价态，例如将 Cr^{6+} 还原为毒性和水溶性都较低的 Cr^{3+}。

2. 化学修复

首先，采取氧化还原技术，利用氧化剂或还原剂，来改变被污染土壤中重金属离子的价态来降低重金属离子的毒性，防治重金属离子的迁移。在这方面最典型的例子是把 Cr^{6+} 还原为 Cr^{3+}，大大地降低了重金属的毒性。一些学者对于砷的迁移转化的分子运行机理也做了研究。而且，可以利用合适的催化剂，加快反应速度。关于介孔 CuO/CeO_2 催化剂的相关研究表明，合适的添加剂可以提高催化剂性能，可以考虑将其研究思路应用于矿山地下水和土壤中重金属化学修复中，以提高催化剂能力，提高反应速度，从而提高处理效率。

还可以采用拮抗技术，利用化学性质相接近的离子之间会产生拮抗竞争作用的特性，如 K 和 Cs、Ca 和 Sr、Zn 和 Cd 等，以控制土壤中重金属的污染。

（二）有机物污染防治

有机物污染主要靠生物修复技术处理，方法主要有两种：原位（In‒situ）修复技术和异位（Ex‒situ）修复技术。生物修复技术应用广泛，可以治理不同类型的土壤或水体，可以处理环烷烃和脂肪烃，可以处理原油污染，还可以处理含有放射性的土壤等。治理技术方法多样，可以利用微生物进行治理，既可采用好氧微生物，也可以采用厌氧微生物；既可以利用植物也可以利用动物进行治理。原位修复时直接采用土著植物、动物、微生物，不需将污染物挖掘和运输。异位修复时挖掘或抽取出被污染的土壤或地下水，运输后再借助于生物反应器进行治理。常用的技术主要有：生物耕作、堆肥处理、生物通风法、反应器处理、渗透反应墙等。

四、再生更新

（一）地下水再生

地下水再生能力是一个新概念，指在天然状态下，含水层中的水通过水循环作用补充过来，从而改善水质。但是，当地下水的这种自净能力小于地下水体中有害物质的浓度时，地下水不但无法实现自净，还会由于水的流动和交换，使污染物影响的范围进一步扩大。

（二）地下水更新

地下水更新的概念在国内外有不同的认识，根据不同的研究内容有不同的定义，但都把其看作水循环过程中水资源自身恢复的一种能力。目前一般认为地下水更新是指地下水通过运动参与水循环，含水层系统不断地接受大气降水入渗补给、地下水系统外的径流、越流等补给，同时通过向系统外的蒸发蒸腾以及向其他含水层的侧向径流补给等作用排泄，实现地下水水量的均衡变化。因此，地下水更新能力也就是地下水的更新周期或者说是地下水的更新速率。地下水体完成一次更新所需的时间越短，说明地下水的更新能力越强。地下水更新能力可以从总体上反映含水层接受外来水源补给的情况，因此与人类的生产生活密切相关。

五、保护方针总结

通过以上的地下水水质保护方法研究，对于井工矿，总结提出地下水水质保护的十六字方针为："减排内污，隔离外污，修复治理，更新再生"，可以为今后相关矿山开发项目的地下水保护提供参考。

第三节　露天矿运营期地下水水量保护方法

一、超前探水

良好的地质、水文观测、掌握的地质和水文数据是做地下水防水的前提工作，尤其对于地下采空区和溶洞分布的露天矿，应对可疑地段进行探水钻孔作业，探明地下水状况，以便采取相应防护措施。

二、防水设施

为确保地下水泵房不受涌水淹没威胁，露天矿利用地下巷道排水时，应在地下水泵房设置水密门。水密门用铁或钢制造，并应遵循水流流向，进行封闭安装，以减少地下水的流失。

对于不能为排水和脱水使用的旧巷道，应建立防水墙，与地下排水或疏干巷道相隔离。砖或混凝土墙的厚度，根据墙上的压力和强度内置防水墙而定。

三、防渗帷幕

防渗帷幕防水是在露天矿开采境界以外，在地下水涌采场的通道上，设定若干一定距离的注浆钻孔，并依靠浆料在裂缝中的扩散，凝结组成一道挡水隔墙，所谓防渗帷幕就是指由若干个注浆钻孔所组成的挡水隔墙。

第四节　露天矿运营期地下水水质保护方法

一、控制"三废"

对生产废水、生活污水以及固体废物的处理与处置的管理，充分提高其治理、回收和利用率，尽量把污染源污染物的排放量及排放浓度减少或控制在排放标准以内，这样既减轻了对地表水的污染负荷，又能防止对地下水的污染。

二、防护距离

保持合理卫生防护距离，即水井位置周围 30 米范围内不得设置居住区和修建禽畜养殖场、渗水厕所、渗水坑；不得堆放垃圾、粪便、废渣或设立污水渠道以及其他可能影响地下水环境的设施。

三、日常观测

在矿井设立的环境保护机构人员配置中，考虑配备水源井水质变化情况长期检测的专职人员，其职责是观测与检查水源井水位及水质变化情况，以便发现问题，及时采取相应的防治措施，确保矿区供水水源长期处于良好的状态。

第五章　露天矿闭矿期水文地质生态修复实例研究

第一节　研究内容介绍

一、研究背景及目的意义

矿产资源开发在为我国国民经济带来效益的同时，也对生态环境产生很多不利影响，尤其露天矿多年开采形成的废弃矿坑深入地下几十米甚至几百米，生态修复难度极大。我国受采矿业影响的土地大约有 300 万公顷，每年因采矿造成的废弃地面积达 3.3 万公顷，尤其是露天采矿项目，对岩土的破坏不仅限于地表，而且深入地下几十米甚至几百米，使地层层序扰乱，地表植被和土壤几乎不复存在，土壤侵蚀十分剧烈，对水文地质资源的破坏程度严重。

"十五"期间，我国露天采矿工程项目共 7819 个，总占地面积 202196.2 公顷，占各类开发建设项目总面积的 3.7%。因此，科学评价露天采矿的生态环境影响，协调生产开发活动与生态环境保护的关系，加强露天采矿的生态环境保护和生态修复，从而实现生态环境效益与当地社会经济效益的和谐统一，是露天采矿工程面临的重要课题。随着资源枯竭型城市矿产资源开采殆尽的"后矿山"时代的到来，越来越多的废弃矿山将是当地的经济发展和生态环境恢复的巨大难题，如何进行废弃矿山的综合治理和资源环境的高值化利用已成为国家重大战略问题。

利用废弃矿坑建设抽水蓄能电站的设想给出了废弃矿坑全新的治理方案。抽水蓄能电站是利用电力负荷低谷时的电能抽水至上水库，在电力负荷高峰期再放水至下水库发电的水电站，又称为蓄能式水电站，可将电网负荷低时的多余电能，转变为电网高峰时期的高价值电能，还适于调频、调相，稳定电力系统的周波和电压，且宜为事故备用，还可提高系统中火电站和核电站的效率。抽水蓄能电站是电力系统中最可靠、最经济、寿命周期长、容量大、技术最成熟的储能装置。通过抽水蓄能电站的调节和转化，还可以有效地减少风电场并网运行对电网的冲击，提高风电场和电网运行的协调性以及电网运行的安全稳定性。截至 2008年，我国已建成抽水蓄能电站装机容量达到 1091 万千瓦，占全国总装机容量的1.35%；而一般工业国家抽水蓄能装机占比在 5%~10% 水平，我国抽水蓄能电站目前占比明显偏低，亟待提高开发建设速度。但抽水蓄能的建设受地理位置和地质条件制约比较大，很多地方因找不到合理的地形条件，无法建设水库，而我国数量众多的难以生态修复的废弃露天矿坑，很多都符合建设水库的条件，从而解决抽水蓄能电站选址难的问题。

利用废弃矿坑建设抽水蓄能电站是一个崭新的理念，不仅能变废为宝，实现废弃矿山的综合治理和资源高值化利用的目标，促进矿区生态环境恢复，又能将大量低效风电、太阳能电等冗余电能转换成高效优质电能，可以实现资源、环境、经济综合效益最大化的目标。因此，利用废弃露天矿坑建设抽水蓄能电站，同时转化风能和太阳能作为稳频优质电源，并结合当地情况开展景观旅游开发，是解决我国资源枯竭城市可持续发展的有益发展方向。但是，传统的项目经济损益分析一般不考虑生态效益，从而低估了项目建设的整体价值，导致好的创新项目在实际推广应用中，往往由于经济指标的不理想而无法推动，且阻碍了创新应用。因此，建立和完善露天矿废弃资源高值化利用综合评价指标体系，具有重要意义。

二、国内外相关研究现状综述

矿山废弃地生态恢复与重建是恢复生态学研究的重点内容之一。20 世纪 80年代以来，随着各类生态系统的退化以及相继引发的环境问题的加剧，国内外开始注重对采矿废弃地的恢复重建的研究。英、美、澳等发达国家有悠久的开矿历史，他们最初在恢复生态学方面的工作主要集中在开矿后废弃地植被的恢复方面，最近也有关于煤矿废弃地土壤改良方面的研究。近年来，国内外学者在环境影响评价等领域也进行了很多关于矿区生态修复的研究。

（一）国外研究现状综述

国外相关研究始于 20 世纪 20 年代，德、澳等国对矿山开采受损土地进行恢复和利用，并逐渐形成了林业、农业、自然复垦等相应的土地复垦技术和修复模式，实际仍是土壤环境修复的范畴。

1973年3月，在美国弗吉尼亚理工大学召开了题为"受害生态系统的恢复"国际会议，第一次专门讨论了受害生态系统的恢复和重建等重要的生态学问题。日本人宫胁昭通过改造土壤，利用乡土树种，在较短时间内建立起顶级群落类型，其方法被称为"Miyawaki method"。1980年，Bradshaw 和 Chdwiek 出版了 *The Restoration of Land*，*The Ecology and Reclamation of Derelict and Degraded Land*，从不同角度总结了生态恢复过程中理论和应用问题。1987年，Jordan 等出版了 *Restoration Ecology*，*A Synthetic Approach to Ecological Research*，认为恢复生态学是从生态系统层次上考虑和解决问题，恢复过程是人工设计的，在人的参与下，一些生态系统可以恢复、改建和重建。1995年，美国生态恢复学会提出，恢复是一个概括性的术语，包含改建（Rehabilitation）、重建（Reconstruction）、改造（Reclamation）、再植（Revegetation）等含义。生态重建并不意味着在所有场合下恢复原有的生态系统；生态恢复的关键是恢复生态系统必要的结构和功能，并使系统能够自我维持。1996年在美国召开了国际恢复生态学会议，专门探讨了矿山废弃地的生态恢复问题。

澳大利亚作为矿业大国，非常重视矿业开采后的生态恢复，把土地复垦像冶金、采矿业一样作为一种行业，它的矿山复垦已经取得长足进展令人瞩目的成绩，被认为是世界上先进而且成功地处理扰动的国家，复垦已成为开采工艺的一部分。除此之外，高科技指导和支持是澳大利亚矿山复垦的显著特点之一，他们的矿山复垦采用卫星遥感技术提供复垦设计中的基础参数和选择各场地适宜位置，并且计算机辅助设计完成复垦地地形地貌的最优化选择。

最近10年国际上该研究领域较之以前更是异常活跃。较为活跃的研究领域及取得的主要研究成果包括：矿山开采对土地生态环境的影响机制与生态环境恢复研究；遥感与地理信息系统（GIS）在土地复垦中的应用；无覆土的生物复垦及抗侵蚀复垦工艺；矿山复垦与矿区水资源及其他环境因子的综合考虑矿山生产的生态保护。

（二）国内研究现状综述

我国矿区生态环境修复工作萌芽于20世纪50年代，往往是个别矿山自发进行一些小规模的修复治理工作。20世纪50～70年代，处于自发探索阶段。进入20世纪80年代才被真正得到重视，从自发、零散状态转变为有组织的修复治理阶段，特别是 1988 年颁布的《土地复垦规定》和 1989 年的《中华人民共和国环境保护法》，标志着"矿区生态环境修复"走上了法制的轨道。近年来，国土资源部出台两项新政策（2006 年的《关于加强生产建设项目土地复垦管理工作的通知》及 2007 年的《关于组织土地复垦方案编报和审查有关问题的通知》），建立了土地复垦方案的编制、报送和审查制度，加强了土地复垦前期工作。但是，我国复垦率仅为 12%，远远低于国外的 50% 的复垦率，大量的废弃土地没有得到有效复垦，而生产建设活动新损毁的土地却在持续增加，形成了"旧账未还，新账又欠"的恶性累积。据粗略估算，目前我国因矿产资源开发等生产建设活动，挖损、压占等各种人为因素造成破坏废弃的约 2 亿亩土地，其中 80% 以上没有得到恢复利用。每年生产建设活动对土地又造成新的破坏。由于大量土地被破坏后不能及时复垦利用，给社会、经济、生态等方面带来了一系列问题，在一些地区产生了严重后果：一是人均耕地锐减；二是工农之间在征地、拆迁、安置、补偿等问题上矛盾日益尖锐；三是生态和自然环境遭到严重破坏。

我国矿区生态恢复工作开始于 20 世纪 50 年代末 60 年代初，如 1957 年的辽宁省桓仁铅锌矿就开始将废弃的尾矿池采取生态修复。1964 年唐山的马兰庄铁矿从建矿开始，选择场址就避免了占用耕地，造田面积超过建矿占地面积，使当地由缺粮乡变成余粮乡。20 世纪 70 年代，我国东部平原煤矿矿区零星地开展了沉陷地的生态恢复工作，生态恢复后的土地和水面用于建筑、种植水稻和小麦、栽藕或养鱼等。20 世纪 80 年代以来，我国矿山废弃地的生态恢复工作取得了较大进展，但从总体上看，我国矿区环境的恶化趋势还没有得到有效的遏制，由于矿山开采而诱发的次生地质灾害如崩塌、滑坡、泥石流、地面塌陷等不断加剧，有增无减。矿区的生态修复研究涉及自然、社会、经济等，是一项复杂的系统科学，从学科分类上已扩展到生物多样性、植被生态学、景观生态学、生态经济学、安全经济学及可持续发展等方面，同时也产生了许多实用的修复技术，包括：露天排土场的复垦技术、煤矿塌陷区的综合治理技术、粉煤灰场的复垦技术、煤矸石山绿化技术、矿山酸性水防治技术、污染土壤的植物修复技术、微生物修复技术等。目前的研究趋势是多学科综合研究，因地制宜地设计出适合不同地区的矿区废弃地的修复模式。随着我国矿区生态修复工作取得的进展，基于生态系统科学和生态经济学对矿区生态系统的结构和功能进行了综合研究，包括矿区生态系统的概念及其健康评价方法，矿区生态系统与经济协同发展的模式，矿区生态系统服务价值变化及其驱动力等。近 10 年来，矿山废弃地生态恢复与重建的研究有了突飞猛进的发展，主要的研究机构有中国矿业大学、山西农业大学、中山大学和香港浸会大学等。中国矿业大学提出了生态恢复与重建工程的成本效益分析经济评价方法以及土壤改良的生物技术和矸石快速熟化技术等。山西农大等用了 10 多年的时间，对平朔煤矿露天矿山生态恢复与重建的理论与技术进行了研究，主要包括土地重塑、土壤重构和植被恢复等技术手段。

三、研究对象基本情况

（一）自然地理与地形地貌

某露天煤矿（以下简称 B 露天矿）历史悠久、规模宏大，位于"煤电之城"——F 市。2005 年 B 露天矿正式闭矿，多年的开采使露天矿形成了面积达 7 平方千米，深度达 350 米的废弃大坑。开采形成的巨大矿坑，由于地质构造、地表水以及地下水的作用，同时还由于边坡岩体性质等原因，容易诱发滑坡、塌陷、水土流失、泥石流等一系列地质灾害，从而危及矿区周边的工厂和居民的生产和生活。不但造成经济损失，还会影响周边地区的生态和地质环境。F 市作为一座资源枯竭型城市，能源匮乏是制约城市发展的瓶颈问题。因此，发展新的资源利用方式，对于 F 市地区探索新的城市转型模式具有重要的意义。

B 露天矿采场面积 7 平方千米，西端最大边界为 W9 +50 米，东端最大边界为 E29 +50 米，东西长 3.9 千米；南端最大边界为 S5 +00 米，北端最大边界为 N13 +00 米，南北宽 1.8 千米。地表海拔标高为 +165 ~ +200 米，平均 +175 米。地势东南高，西北低。现开采最深为海拔 -192 米，开采深度 367 米。B 露天矿全矿占地面积为 26.82 平方千米，其中，排土场和排矸场 14.8 平方千米，工业广场 3.84 平方千米，住宅及生活设施 2.18 平方千米。

B 露天矿破产闭坑后，在城市中形成有一面积达 7 平方千米，深度达 350 米的大坑以及采矿形成的堆积量 1 亿立方米以上的大型矸石山 3 座，堆积量 0.1 亿立方米以上的中型矸石山 4 座，堆积量 0.01 亿立方米的小型矸石山 5 座，不具规模的矸石山 340 多座。其中大中小型矸石山主要分布在国有矿的井口附近，不具规模的矸石山为个体小矿形成，零散分布在各个小矿井口，矿区煤矸石占总面积约为 32.135 平方千米，总堆积量为 12.908 亿立方米。

（二）水文地质条件

1. 含水层（组）划分

（1）第四系冲积层松散孔隙潜水含水层。

第四系冲积层分布于露天北帮至细河及东南帮古河床一带，由粗砂、砾岩、卵石组成，厚度 2~8 米，埋藏 5~12 米，该含水层底板为风化的透水性很弱的砂岩及砂质页岩组成，潜水位标高∇ +170~161 米，水力坡度 20/00，渗透系数为 8.39~19.3 米/天，平均为 14.0 米/天。矿田地下水主要是第四纪冲积层潜水，分布在非工作帮至细河之间和东南帮旧河床一带。含水层由粗砂、砾石、卵石组成，含水层厚度 2~8 米，平均 6 米，距地表 5~12 米。北帮潜水流向与细河流向一致，水力坡度为 2‰，渗透系数为 8.4~19.3 米/天。东南帮潜水由东南流向西北，渗透系数为 26~39 米/天，潜水由大气降水补给。

（2）侏罗系基岩裂隙承压弱含水组。

基岩含水组为太平下层煤底板以下的砂岩等组成，地下水主要储存在岩层的节理裂隙中。本含水组分布不稳定，抽水试验资料证实，单位涌水量 $7.52 \times 10^{-6}~3.04 \times 10^{-4}$ m/s·m，平均为 8.47×10^{-6} m/s·m。渗透系数为 0.015~1.03 米/天，由于该含水组内含 1-7#弱层，地下水对弱层及边坡岩体的作用，加剧了边坡滑移的可能性。基层裂缝水含水层储水性小，水理性质变化大，由潜水补给。

（3）断层破碎带裂隙含水层。

露天坑内有太平中部一号落差比较大的断层，通过钻孔资料及砼桩地下涌水分析，断层破碎带富水性较强，由于断层带及附近地下水发育对边坡稳定的影响加剧，通过对断层带的试验所得，渗透系数为 1.3×10^{-3} 米/天。

2. 含水层（组）之间补给、径流及水力联系

第四系含水层补给来源多为细河补给及大气降雨补给，由细河至露天方向径流，以北帮疏水巷道排泄为主，基岩含水组及断层含水层径流条件很弱，排泄以露天边坡蒸发及坑内深部疏水巷道为主，第四系含水层与下覆基岩含水层垂向有水力联系。

3. 露天防排水

矿田地下水主要是第四纪冲积层潜水，分布在非工作帮至细河之间和东南帮旧河床一带。基岩裂缝水储存在煤层底板以下节理发育的岩石和断层破碎带中，含水层储水性小，水理性质变化大，由潜水补给。

向坑内汇集水的来源还有：大气降雨、细河补给水、周围厂矿工业废水及居民生活污水排放等，总汇水量可能达 800~1200 万立方米。排水系统主要由地面排水、采场内排水和北帮潜水疏干等。

B 露天矿防排水系统主要由以下四部分组成：①外围地表防排水沟；②北帮

冲积层疏水巷道工程；③坑内边坡排水沟系统；④排水坑。

（三）环境地质灾害现状及治理情况

1. 环境地质灾害现状

B 露天矿最终到界边坡角为南帮 38°38′、北帮 18°～20°，最大深度将超过 350 米。最终矿坑参数对周边的环境影响极其严重，此外，经过 50 年的大规模开采，在露天矿矿坑以下及边帮边坡以下曾有孙家湾煤矿、五龙、平安、高德等地采煤矿进行多年的大规模地下开采作业，使露天矿和地采相互作用，边帮几乎全部处于井工采动后的岩移扰动范围内。B 露天矿的主要地质灾害为滑坡、泥石流、地面塌陷变形、残煤自燃和水资源污染等。闭坑后，如果停止治理，各种灾害相互影响，地质灾害将有可能进一步加剧。

（1）滑坡、泥石流。

无论是否闭坑，大中型露天煤矿由于开采深度大，形成高大陡边坡。B 露天矿设计最深处为 350 米。随着时间的推移，深度的加大，所暴露的弱面就越多，开挖使岩体结构越来越弱化，围岩的支承能力越来越小；同时，为了更多地开采煤炭，剥离与开采的矛盾日益突出，整个露天矿的结构是趋于不稳定的，具有发生大规模灾难性滑坡的潜在危险。排土场为松散的粒状材料，随着时间的推移，风化加剧，不利于排土场的长期稳定。滑坡的种类主要包括：平面滑坡、楔体滑坡、圆弧滑坡、倾倒滑坡、崩塌滑坡、复合滑坡和泥石流等。无论何种形式的滑坡，对整个露天矿都可造成灾害。B 露天矿自 1953 年投产以来，在矿山生产过程中，发生过一系列滑坡，不仅给露天矿本身，而且给周边的企业、建筑物等都带来一系列的重大问题。

（2）地表变形。

由于露天矿的存在，使边坡及边帮影响范围内发生变形、塌陷、地面沉降、地裂缝等。闭坑以后，边帮的变形仍在进行，这主要是由以下几方面造成的：①周边采矿过程中采空区没有或没有完全被充填，导致岩层结构弱化，大面积悬空的岩层随时间的推移发生流变效应。②煤系地层遇水变软，强度变低。③断层活化。矿区内的太平东部一号断层和太平中部一号断层等地质构造一直是影响边坡稳定的重要因素。在水及各种动力因素的诱发下，稳定的断层可能活化，对边坡的稳定性及边坡周围建筑物安全将构成巨大威胁。④地下煤柱、露头煤自燃，形成空区，边坡岩体支撑能力降低。这些因素都可能引起大型的滑坡或泥石流，影响周围的大型企业、交通干线的正常运营和威胁周围居民的生命财产安全。

(3) 残煤自燃及大气环境污染。

目前,B露天矿矿坑及排矸场内有大量的残煤自燃,在积极灭火、保障安全生产的同时,在矿坑内就尚有200余处着火点,排土场煤矸石的自燃点不计其数,大气环境污染严重超标。在造成的大气环境灾害的同时,还是引起其他灾害的又一诱因。B露天矿矿坑及排矸场内尚有大量残煤、含煤岩石等可燃物质,闭坑以后,如果不采取更加有效的灭火措施,自燃就会加剧,严重影响F市及周边城市的大气环境、边坡的稳定、边帮的变形和附近地采井工矿的安全生产。经对矿坑大气环境质量监测,4种污染物在11个典型点处的监测统计结果如表5-1所示,污染物浓度都超过GB3095—1996《环境空气质量标准》中二级标准。

表5-1 大气监测结果(毫克/立方米)

测点	SO_2	NO_n	CO	TSP
1	0.053	0.036	38.255	0.239
2	0.022	0.013	30.254	0.188
3	0.097	0.027	32.654	0.417
4	0.158	0.036	37.546	0.512
5	0.027	0.035	43.210	0.457
6	0.034	0.018	38.325	0.109
7	0.064	0.058	39.325	0.176
8	0.086	0.063	36.125	0.212
9	0.060	0.027	43.236	0.657
10	0.049	0.047	60.548	0.145
11	0.151	0.101	26.796	0.302

外排土场的大气污染源主要是由于堆积物中含炭、油及黄铁矿等可燃物质,经长期氧化在一定温度和湿度条件下发生自燃发火形成的自燃发火区。由于坡表面没有植被覆盖,在天气恶劣情况下,产生大量的扬尘及有害气体。自燃发火区排放的主要大气污染物为CO、SO_2、氮氧化物(NO_n)和颗粒物。具体监测结果如表5-2所示。从监测结果看,各种污染物均严重超标。

表 5-2　坑内大气环境质量

项目及数值 地点	SO₂（毫克/立方米）		NOₓ（毫克/立方米）		CO（毫克/立方米）		TSP（毫克/立方米）	
	浓度范围	均值	浓度范围	均值	浓度范围	均值	浓度范围	均值
露天坑	3.65 - 0.004	2.43	0.320 - 0.140	0.245	16.190 - 4.701	11.214	0.474 - 0.178	0.345

（4）水环境灾害。

在露天矿生产过程中，每年要花费大量的资金拦截疏导地表水，聚集在坑底的积水也要通过排水系统排走。研究表明，B露天矿80%的滑坡均是由水诱发，水系调整引起周围水位下降，有害物质渗入水系，将严重地污染F市地区地下水资源，对地下安全采煤构成威胁。闭坑后，如不加强管理，及时治理排水、疏干系统停止工作，露天采场深部积水，直接影响采场周边井工煤矿的正常的安全生产。据测算，每年可汇入坑内的水量约有4000万立方米，一二十年后，露天矿采场深部就有可能形成一个真正意义上的大型人工湖，对边帮及其周围岩层的稳定性和F市地区的地下水质污染构成威胁。闭坑以后，随着地下水向矿坑汇集，将使原来的疏干边坡成为充水边坡，使边坡岩体强度弱化，浮托力增加，恶化周边的地质环境，加速灾害的形成。

（5）地采冲击地压及对B露天矿边帮稳定性影响。

随着F市矿区煤矿开采深度的不断增加，冲击地压事故发生也变得日益频繁。据统计：仅F市矿区截至2003年7月底共发生冲击地压16起，直接经济损失近1000万元，严重阻碍了生产的正常进行。冲击地压灾害即矿震，其本质是人工采矿活动引起的破坏性地震，发生时伴有巨大声响和岩体震动，围岩释放大量能量，洞室瞬间破坏，支架折损、巷道堵塞，形成大量的煤尘和冲击波，震级最大超过里氏五级，已成为采矿活动而引起的严重自然灾害之一。由于矿震震源浅，发生位置在边帮的下部，烈度大，加之边帮的整体性遭到了严重破坏，对边帮的稳定性和变形构成严重威胁。

闭坑以后，露天采矿活动的停止并不意味着诸如地震活动等灾害的消灭。闭坑后岩层结构大面积弱化，老的采空区仍存在大面积的悬顶，如遇到强烈的扰动，就会发生大面积突然冒顶，亦即发生诱发地震，而诱发地震的震源距地面很近，造成的破坏和灾害就相当大。而扰动因素又是大量存在的，如毗邻井工矿的冲击地压、放炮、行车、地震、水位变化等。另外天然地震，除了会造成相应的破坏外，由于采矿过程使整个矿区岩体结构弱化，降低了抵抗诸如地震这样强烈扰动的能力，有可能诱发连锁型地震，以及形成群震，将影响周边的煤矿和附近的大型企业、交通。

（6）对周边生态环境的影响。

B 露天矿采场面积 7 平方千米，排土场和排矸场 14.8 平方千米，露天矿周边的井工开采排矸场和电厂排粉煤灰约 30 平方千米，同时各种开采使水系发生重大改变，植被覆盖面积不足 20%，加之 F 市地区属于干旱、多风地带，地表面粉尘在风力的作用下，极易移动，形成沙尘暴，B 露天矿周边是形成矿区沙尘暴的重要源头，进而引起附近土地的荒漠化。闭坑以后，在矿区水系变化特别是水位降低使矸石山、矿坑在短期内很难储存足够的水量，用来恢复植被，重建生态系统，所以 B 露天矿周边的环境如果不进行综合治理，就可能形成恶性循环，影响整个 F 市地区的生态环境。

2. 环境地质灾害治理情况

（1）非工作帮边坡整治。

B 露天矿原设计非工作帮边坡角为 18°～20°，是沿着太平下层底板设置边坡，一旦采矿工程切断弱层，极易导致边坡滑动，为此在清帮设计时将边坡角减缓到 16°～18°。为了防止地表水进入露天矿影响生产和边坡稳定，在露天矿外修建四条永久性的排水沟，露天坑内从西到东设置 1#～2# 纵向水沟并在非工作帮设置了纵向排水沟等，使水汇集到煤沟，进入 ▽ -200 水仓，通过排水坑排到地表，并采用了抗滑桩加固措施。

（2）南帮整治。

至 2002 年，露天矿南帮已有 31 个平盘到界，最上部平盘为 ▽ 180 水平，最下部是 ▽ -142 水平。为保证正常的安全生产、保护资源和保护生产环境，在露头的煤层、残煤及内排的矸石山，常年进行灭火，主要采用喷水、淋水或掩埋等方法。喷水、淋水可起到冷却、降温的作用，同时阻止了矿物氧化反应的进行。在静水或无压水作用下，含水岩体的凝聚力比干燥状态小得多，在边坡的破坏面上，凝聚力和破坏面之积是起抗滑作用的。因此，必须尽可能地保持边坡岩体的干燥性，另外，承压水所产生的水压更会使边坡的稳定性减小。这就应对其进行减压工作，上述两种水对边坡稳定性影响的作用都要求对边坡进行疏干和防排水。露天采场排水与疏干系统由地表境外截水沟，采场内水沟，排水坑及北帮排水疏干巷道组成。

四、研究方案

(一)研究目标

(1)通过对闭坑后环境地质灾害综合治理,使矿山环境污染及生态恶化的现况基本得到控制和扭转,并保证采场周边井工煤矿的正常开采。

(2)提出排土场的地表整形、土地复垦、再植被工程及其再利用方案,使矿山采场绿化率和矿山闭坑复垦率分别达到60%和50%以上。

(3)建立露天矿山文化公园,将矿坑下部改造成蓄水池,形成矿坑内的人工湖面景观。

(4)把B露天矿的废弃地、露天采场和排土场整体规划,建设成为森林公园和地质特大型露天开采遗迹的旅游胜地,使废弃土地、场地得以利用,减少大气污染,水体污染,土地沙漠化,把F市建设成为一个绿色生态矿业城市。

(5)在此基础上,利用综合治理后的矿坑人工湖作为下水库,建造抽水蓄能电站,营造优美宜人的绿色景观,改善自然环境质量,维护生态安全和健康。

这样,逐渐形成一个集各种人文景观、工业景观的能多种经营,实现可持续发展的宝地,形成东、西50千米长、以B露天矿周围为景观中心的立体感强、层次分明的结构体系,满足市民生活、休闲、娱乐、观赏的需要。根据对现状及规划用地的布局,规划构筑"一水、二坑、三山、四区、五休闲"的景观结构。并总结矿山地质环境管理、法规、治理方面的经验教训,成为我国露天矿山环境管理、治理恢复的一个示范。

(二)拟解决的关键问题

1. 合理确定抽水蓄能电站的库容

利用废弃矿坑建设抽水蓄能电站在国内没有工程实例可以参考,属于完全崭新的探索性研究。首先,要合理确定电站的库容。库容不但取决于矿坑的大小,也取决于可利用的矿坑地下水资源量,库容定得太大了难以实现,太小了不能有效发挥经济效益。当库容确定后,才可以确定电站的装机容量、水库的调节性能。装机容量决定了电站的发电能力和经济效益直接挂钩;调节性能是属于年调节、季调节还是日调节,也是关键指标。库容越大,水面面积也越大,可储存和调配利用的水资源量也越多,涵养水源和生态修复能力也越强,库容的选定直接影响到生态环境的修复能力和环境效益。因此,库容的选择是一个经济、规模、资源、生态环境的综合问题。平面布置的规划方面，由于抽水蓄能需要上、下两个水库，废弃矿坑可以利用作为下水库，上水库的选址则需要详细调查、比选研究来确定。在申请人所在课题组前期工作中，已初步给出总体布置规划设想（见图5-1），在本书的研究中，将考虑进一步优化布局。

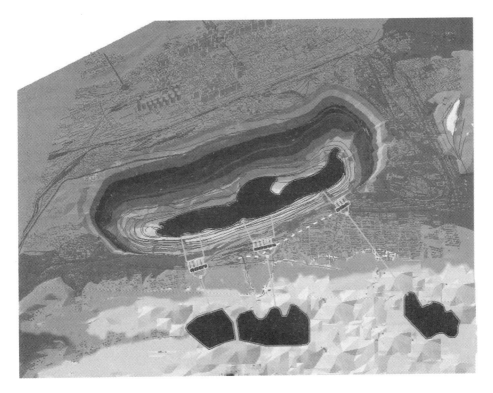

图5-1　利用废弃矿坑建设抽水蓄能电站规划

由于该工程是首座在废弃矿坑中进行开发的水电站，具有尝试性，因此分期设计有利于减少风险，一期工程的设计、施工和运营经验可以为后期工程的设计优化提供借鉴。库容的确定是整个抽水蓄能电站设计的核心，而抽水蓄能电站又是整个综合开发模式的核心，解决好了抽水蓄能建设的关键问题，才能保证整个模式设计方案的可行性和实用性。

2. 清洁能源的转化利用可行性分析

风能和太阳能的接入方式是抽水蓄能电站正常运行的重要因素，考虑尽量利用冗余的风能和太阳能来抽水做功，然后通过电站放水发电形成稳频电源。而且，电站一般在白天用电低谷期抽水蓄能，在晚上用电高峰期放水发电，通过电站的运行实现电能的消峰填谷，对稳定电网运行起到调节器的作用。

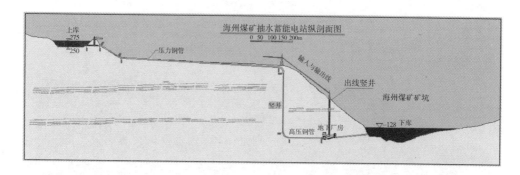

图 5-2　B 露天矿抽水蓄能电站纵剖面规划设想

但由于风电和太阳能电受自然因素影响，电能质量不稳定，上网利用较为困难，是一种低效电能，因此必须精细调度使用这种低效电能，才能保证抽水蓄能电站的可操作性和经济性。同时，抽水蓄能电站发出的清洁能进入电网，可以替代传统的高污染火电站，但需要研究建立科学高效的调度方式。

第二节　主要研究成果

清华大学水利系王恩志教授带领的研究团队，针对 B 露天矿治理，结合"资源高值化再利用"这一理念，提出了 B 露天矿抽水蓄能电站方案，并以此为基础，进一步编写了 B 露天矿综合治理与开发利用规划方案。

一、抽水蓄能电站建设规划

抽水蓄能电站枢纽工程由上水库挡水建筑物、输水系统、地下厂房及其附属建筑物、下水库挡水及泄水建筑物、补水建筑物等组成。

（一）上水库

上水库位于 B 露天矿的西北侧，利用废弃的选煤厂通过开挖填筑作为上水库，距离矿坑顶部边缘 550～600 米，地形较平坦，现为 F 市发电厂和 F 市矿业集团机电修配厂。岩性为砂岩与砂质页岩互层、煤层，地质构造总体上为走向

NE50°~80°的褶皱构造，岩层走向 NE60°~80°SE∠18°~22°，岩体完整性差，裂隙发育，主要为破碎—较破碎岩体。上水库主要以挖填结合，地下水位低于正常蓄水位，且岩石透水性大，存在向库外渗漏问题，库底存在采空区和旧巷道，存在渗漏通道，采用沥青混凝土面板全库盆防渗处理。

上水库大坝坝顶高程 147.00 米，库底高程 118.00 米。坝顶宽度 8 米，坝轴线长 3192 米，最大坝高 19 米。上游坝坡为 1:3，下游坝坡为 1:1.5。沥青混凝土面板采用简式，防渗层厚 10 厘米，整平胶结层厚 10 厘米，表层涂 0.2 厘米沥青马蹄脂防护层。上水库库周及库底设置排水廊道，廊道尺寸为 1.5 米×2 米，并于进出水口处设置外排廊道，将水库渗水排出。

（二）输水发电系统

输水发电系统布置于上下水库之间左岸的山体中，由引水系统、尾水系统及地下厂房系统组成。大部分近平行于地面布置，上覆岩体厚度 30~300 米。输水系统围岩主要为中生界侏罗系上统 F 市组。引水隧洞断层通过段岩体较为破碎，需要加强支护处理。综合考虑输水系统沿线的地质条件、发电水头及渗漏要求，输水系统高压段采用钢板衬砌。

初拟引、尾水系统均采用一管两机的供水方式。输水系统分别由上水库进/出水口、高压管道、引水支管、尾水支管、尾水事故闸门室、尾水调压室、尾水隧洞、下水库进/出水口等建筑物组成。输水系统总长 1714.1 米（包括上、下库进/出水口）。地下厂房采用中部式布置，厂内布置 4 台单机容量为 300MW 的立轴单级可逆混流式水泵—水轮机组，厂房系统由地下厂房、主变洞、母线洞、排水廊道、交通洞、通风洞、出线洞、地面开关站及地面副厂房等组成。

（三）下水库

下水库设置在矿坑底部，利用矿坑东部凹地形成下水库，岩性为砂岩与砂质页岩互层及煤层。地质构造总体上为走向 NE50°~80°的褶皱构造，岩层走向 NE60°~80°SE∠18°~22°，岩体裂隙发育，主要为破碎—较破碎岩体。矿坑范围内有正断层 11 条，以 NW 向为主。下水库库区地下水位大部分低于正常蓄水位，岩石透水性大，存在向库外渗漏问题，且库周及库底存在采空区和旧巷道，存在渗漏通道，采用沥青混凝土面板全库盆防渗处理。

下水库大坝坝顶高程 -119.00 米，库底高程 -153.00 米。坝顶宽度 8 米，坝轴线长 4060 米，最大坝高 20 米。上游坝坡为 1:1.75，下游坝坡为 1:1.5。沥青混凝土面板采用简式，防渗层厚 10 厘米，整平胶结层厚 10 厘米，表层涂 0.2 厘米沥青马蹄脂防护层。下水库库周及库底设置排水廊道，廊道尺寸为 1.5 米 × 2 米，并于进出水口处设置外排廊道，将水库渗水排出。

地下厂房采用中部式布置，厂内布置 4 台单机容量为 300MW 的立轴单级可逆混流式水泵—水轮机组，厂房系统由地下厂房、主变洞、母线洞、排水廊道、交通洞、通风洞、出线洞、地面开关站及地面副厂房等组成。

二、配套绿化复垦和旅游开发规划

（一）体育运动游乐区

体育运动游乐区设施如下：

1. 滑雪场

对场区南帮矸石山进行治理完成后，可利用天然坡度，结合矿坑南帮西部陡坎建成滑雪场。

2. 水上游乐园

利用坑底矿坑水改造后建成一个人工湖面，作为抽水蓄能电站的下库，同时利用水面建成水上游乐设施。

3. 蹦极

利用矿坑的高差及坑底人工湖面，建立蹦极设施。

（二）绿化、复垦区

对排土场及矿坑周边进行工程治理结束后，紧接着要进行绿化恢复和生物复垦，才能有效地控制水土流失，改善矿区生态环境，实现农、牧、林业综合发展在此基础上发展地区经济。

1. 土壤改良

尽管矿区内的剥离排弃物经过了较长时间的风化等自然侵蚀和较长时间的人工开垦，其土壤肥力与一般土壤仍然有较大差距。如无任何土壤结构、渗透性差、土壤坚实、土壤有效水分和有机质含量极低，这些生化指标都较低（复垦项目区生化指标与周围土壤生化指标对比见表 5-3），不利于植物生长，另外，B 露天矿在 2001~2002 年进行了土壤改良与不做任何处理及普通地表土的对比实验（实验数据见表 5-4）。

表 5-3　2002 年 7 月排土场生化指标测试结果

土壤编号	比较项目						
	水分%	吸收强度 CO_2 mg/g	细菌 u/g 千土	真菌 u/g 千土	放线菌 u/g 千土	脱氨酸 mg/g	过氧化氢酸 NC/Q 土
1	10. 08	0. 04	8. 7 + 10	73	8. 7 + 10	0. 0038	0. 3714
2	5. 52	0. 048	8. 7 + 10	75	1. 1 + 10	0. 0067	0. 2092
3	73. 63	0. 110	8. 7 + 10	60	2. 5 + 10	0. 0084	0. 2534
4	14. 75	0. 080	4. 1 + 10	92	1. 98 + 10	0. 0061	0. 2807
对照	18. 58	0. 280	1. 1 + 10	140	2. 5 + 10	0. 0801	0. 5294

表 5-4　土壤改良与不做任何处理及普通地表土的对比实验

	改良后的土壤			未改良的土壤			普通地表土		
	年活率 %	年生长量		年活率 %	年生长量		年活率 %	年生长量	
		高 （厘米）	地径 （厘米）		高 （厘米）	地径 （厘米）		高 （厘米）	地径 （厘米）
华北落叶松	83	7. 5	0. 6	62	4. 1	0. 3	87	8. 9	0. 8
速生杨	82	3. 5	1. 8	75	1. 5	1. 0	96	4. 1	2. 1
刺玫	89	8. 2	0. 4	81	6. 0	0. 2	92	9. 6	0. 5
沙棘	98	17. 2	0. 3	92	11. 5	0. 2	99	20. 5	0. 35
丁香	94	16. 4	0. 4	82	9. 8	0. 3	97	19. 6	0. 6
大扁杏	98	6. 8	0. 6	83	3. 0	0. 2	98	15. 2	0. 8
榆树	92	7. 9	0. 3	69	4. 6	0. 1	96	18. 5	0. 5

根据矿区的实际情况，复垦土地采用以下改良措施：

（1）绿肥法。

这种方法的特点是在复垦区种植多年或一年生豆科草本植物。这些植物大部分具有固氮能力，能够直接提高土壤中氮元素的含量。这些植物的地上部分可以通过绿肥压青、秸秆还田等方法归还土壤，在土壤中微生物的作用下，除释放大量养分外，还可以转化成腐殖质；其根系腐烂后也有胶结和团聚作用，能改善土壤理化性质。

（2）客土法。

对过砂、过黏土壤，采用"泥入砂、砂掺泥"的方法，调整耕作层的泥砂比例，达到改良质地、改善耕性、提高土壤肥力的目的。

（3）化学法。

该方法主要用于酸碱性土壤改良。中和酸性上层一般用石灰作掺合剂，变碱性为中性常用石膏、氯化钙、硫酸等作调节剂。该方法投资少，见效快，适合矿山土壤改良的需要。

总之，通过采用种植固氮植物、施肥法、客土法和化学法等途径能够有效地加速土壤的熟化，可综合提高土壤肥力，改善土壤理化性质，并为土地的农、林、牧利用提供有利条件。

2. 复垦区种植物种的选择

适宜的种植物种的选择是生态重建的关键，根据 B 露天矿排土场的地理位置和当地的气候条件，总结出先锋植物应当具有以下特征：

（1）适应土壤贫瘠的恶劣环境中生长，具有抗性强，抗旱、抗寒、抗瘠薄、抗病虫害等优良特性。

（2）生长、繁殖能力强，最好能具有固氮能力，提高土壤中氮元素含量。要求实现短期内大面积覆盖。

（3）根系发达，萌芽能力强，能够有效地固结土壤，防止水土流失，这在复垦工程的早期阶段尤其重要。

（4）播种、栽植容易，成活率高。

（5）所选草本植物要求具有越冬能力，以节约成本。

依据上述原则和经过对本地植物种类的调查，对以下植物类进行筛选试验：

1）草本植物：沙打旺、杂花苜蓿、紫花苜蓿、红豆草、沙蒿、冰草、羊草、老芒草、无芒麦等；

2）灌木：沙棘、小叶锦鸡儿、丁香、珍珠梅、榆叶梅、柴穗槐、金老梅等；

3）乔木：速生杨、柳树、榆树、油松、大扁杏、刺槐等。

经过多年的实验最终确立复垦工程适宜植物为：

1）草本植物：沙打旺、杂花苜蓿、紫花苜蓿、红豆草、草木樨、冰草、羊草、老芒麦等。

2）灌木：沙棘、玫瑰、紫穗槐等。

3）乔木：速生杨、柳树、国槐、油松、大扁杏、刺槐等。

第三节　研究价值

一、创新价值

随着矿山开发和资源枯竭，不断留下的众多废弃矿山给当地的社会和环境带来巨大的压力。对于废弃的巨大露天矿坑，由于地质构造、降雨以及地下水的作用，煤系岩层软弱性质、矿坑边坡岩体破碎等原因，容易诱发滑坡、塌陷、水土流失、泥石流等一系列地质灾害，以及地下水污染、有害物质的溢出等，无不危及矿区周边的工厂和居民的生产和生活。同时由于采矿疏干地下水和矿山大量弃渣，造成周边地表荒漠化和沙化，这不仅对当地经济造成巨大负担，更影响周边地区的生态环境和地质环境。寻求废弃矿山的综合治理和资源环境高值化再利用已成为资源枯竭型城市和地区所面临的重大资源环境与可持续发展问题，也是后矿山时代国家所要解决的重大战略问题。

本案例研究首次提出了矿坑修复—抽水蓄能—风能转化—旅游开发的露天矿废弃矿坑综合开发模式，并研究该模式在我国的应用需求前景，提出了推广策略，为废弃矿坑高值化再利用和资源枯竭型城市的可持续发展提供了新思路、新方法。针对以往的研究大多没有考虑利用废弃矿坑进行工业化利用的不足，本书研究利用废弃矿坑建设水库，并进一步建造抽水蓄能电站，可为区域电力系统提供可靠、寿命周期长、容量大的储能装置，而且考虑研究对象所在地区风能充沛的特点，利用冗余的风电抽水，通过电站转化成稳定高值的能源，从而变废弃矿坑为新能源利用转化的重要设施，为露天矿废弃地生态修复提供全新的解决方案。

二、效益分析

（一）生态效益

废弃矿坑涵养水源能力的提高对植物根系发育的促进和植物生长的促进，增加露天矿可复垦面积和所能种植的植物生物量。

（二）资源效益

废弃矿坑转变为水库后，地表水储水能力增加，地下水水位回升，从水量和水质两方面进行计算对水资源保护产生的效益。

（三）能源转化效益

计算水库建成后，配套建设抽水蓄能电站，由此产生的发电效益；抽水蓄能电站可以优化该地区风能、太阳能等清洁能源的利用方式，增加风电、太阳能电的有效利用小时数，计算由此带来的效益。增加清洁能源利用率，可以减少或替代传统的燃煤火力发电方式，计算相应地减少排放的二氧化碳、二氧化硫等污染物带来的效益。

（四）景观效益

结合 F 市城市规划和总体布局，围绕 B 露天矿生态修复项目进行景观规划，以抽水蓄能电站为主要景点，开发工业旅游，在此基础上计算景观价值。

（五）经济效益

废弃矿坑转化为发电厂，可以解决一部分人就业，带动周边项目建设和经济发展，以此计算经济效益。

第六章　井工矿闭矿期水文地质生态修复实例研究

第一节　研究内容介绍

一、研究背景及目的意义

我国是世界上人均占有水资源量较低的国家，且水资源分布极不平衡，从含煤地区分布看，富煤地区往往也是贫水地区。我国煤炭资源的开发与利用所引发的环境问题日益突出。煤炭开采后给生态环境造成了严重的影响，如农田及建筑物破坏、矸石堆积如山、河川径流量减少、水资源枯竭、土地沙漠化等。煤矿开采对地下水资源的破坏严重，研究矿井水的保护与综合利用，已成为国家的重大战略问题。全国91个国有重点煤矿中有75%的煤矿缺水，其中44%的煤矿严重缺水。煤矿开采造成地表及地下水污染。矿井水中普遍含有煤粉、岩粉悬浮物及可溶性的无机盐类，由于传统的矿井水地面处理费用高，所以大部分受污染的矿井水未经处理就排掉，对地面水、地下水以及周边的水系造成了污染，破坏了地下水资源。矿区生产造成的水污染已成为影响人民生活和当地经济可持续发展的重要因素，而为实现节能、绿色开采，采用保水开采技术是其中的一项重要内容。保水开采就是在采煤的过程中，对水资源进行有意识的保护，并对矿井排水进行资源化利用，使煤炭开采对矿区水文环境的扰动量小于区域水文环境容量。我国西北地区煤炭资源丰富，煤层厚、埋藏浅，人为地疏放排水和采动形成的导水裂隙造成煤系含水层和第四系含水层的流失，破坏了地表及地下水资源。

传统的矿井水处理方式是将矿井水提升到地表处理，而利用废弃的采空区建设地下水库，在井下直接处理矿井水，提高矿井水的处理效率和回用能力，是创新性的研究课题。与传统的人工建造的形状规则的地下水库不同，采空区地下水库利用了废弃采空区内塌落体之间存在的孔隙空间来储存水，从而变废为宝，节约投资和占地。目前，我国西北干旱缺水地区的各煤矿矿区已开始重视保水开采问题，并已经开展了许多相关的研究。这些研究成果多从限制采高、留设煤岩柱、变革采煤方法以及划分开采条件分区等方面展开，使导水通道不至于贯通含水层，从而达到减少水资源流失、实现保水开采的目的。近年来我国在煤矿矿井水处理与利用方面取得了很大成绩，但目前矿井水的处理与利用往往局限于矿井水提升至地面进行处理后，部分在地面利用，部分在返回到井下利用。该处理方式需要较大的地面占地，其基建费用、运行成本、泵的提升费用以及相应管路铺设的费用较大，并且不可避免地造成二次污染。

如果将矿井水在井下处理后，直接复用，不仅可以克服以上缺点，而且还对保持地下水的自然平衡起到一定的积极作用，并具有较大的经济效益、生态效益和社会效益。对于 C 井工矿这种位于地表水和地下水资源匮乏、沙质化严重地区的煤矿而言，做好矿井水的井下处理及就地复用尤其意义重大。

二、国内外相关研究现状综述

（一）国外研究现状综述

1. 国外地下水库的发展状况

地下水库的发展与地下水人工补给的历史息息相关，早在 20 世纪 30 年代的美国、荷兰、俄罗斯等国家就开始了大规模的地下水补给的实践。地下水库的最早提法源于日本，日本海水入侵严重，水资源短缺。为了有效地防止海水倒灌地下水，20 世纪初，有人提出在地下修建防渗墙来储蓄地下水的设想，即建设地下水库。美国自 20 世纪 50 年代起，为了解决滨海和干旱地区高峰用水季节的水供应问题，开始在地下咸水层内进行贮存淡水的试验，70 年代后逐渐发展形成了 ASR 技术。ASR 是指在丰水季节将水通过注水井储存到合适的含水层中，当需要的时候，再通过该井将水抽取出来以供使用。美国目前正在实施"含水层储存回采 ASR 工程计划"，截止到 2002 年 7 月，正在运行的 ASR 系统共有 56 个，而建成的系统则有 100 个以上。美国加州南部的 Orange 县、内布拉斯加州的 Platte 河中部，佛罗里达州、内华达州等地都发展了 ASR。实践证明，ASR 系统一般比地表水库提供水的单位费用要节省50%以上，不仅可以缓解用水高峰期的供水压力，还有效改善了水质。

作为一种有效的、环保的、经济的水利工程，地下水库在国外发展较快，成功实例较多。早在1964年以色列就在太巴列湖地区建立了地下水库—拦洪工程，地表水与地下水统一调度，总库容达47亿立方米；荷兰利用沿海沙丘进行人工回灌已有近50年历史，它的水资源开发模式是"引莱茵河水—净化回灌地下水库—抽取地下水"，还与日本合作在阿姆斯特丹开展帷幕灌浆工程和修建地下水库；美国21世纪水资源战略研究成果提出，地下水库是21世纪水资源调控的最主要手段。目前，瑞典、荷兰和德国的地下储水库分别可提供该国总供水量的20%、15%和10%以上。

2. 国外地下水库水质净化方面的研究进展

水质在整个地下水库运行过程中是最为重要的约束。目前许多国家都开展了这方面的研究，其中德国 G. Massmann 和 J. Greskowiak 等开展了人工补给过程中在不同温度条件、氧化还原作用和残留物质响应方面的研究；加利福尼亚大学的Asano T. 做了关于利用城市废水进行人工补给水质标准的综述，给出了废水的注水标准；美国水保护实验室在1991年做了废水处理再利用注入地下含水层的研究；澳大利亚的 Peter J. Dillon 论述了在南澳大利亚 Bolivar 进行含水层存储和恢复中水质的变化，该工程利用暴雨水回灌，经过勘察选定了灰岩含水层进行回灌，本书对回灌过程中地下水水质实际监测资料进行深入分析，以 DOC 为指标，分析论证了回灌井和周边地区在回灌和抽水的各个阶段水质变化规律。此外，美国佛罗里达的 R. David 和 G. Pyne 等撰写了利用脱盐地下水与地下水库相结合的技术（DASR）来缓解水资源短缺问题的文章。N. Phien - Wej 为了控制曼谷及周边城市地面沉降的发展，利用注水井进行了人工补给的场地试验研究，为其他地区的场地试验，数据监测和分析提供了很好的指导和借鉴。

（二）国内研究现状综述

1. 国内地下水库的发展状况

我国是个水资源缺乏并且时空分布极不均匀的国家，很早就提出了地下水的人工补给和调蓄的概念。1963年起在上海市广泛开展了地下水人工补给试验研究工作，目的是抬高主要开采含水层的地下水位，以控制日益严重的地面沉降灾害。20世纪70年代起，一些工厂又利用含水层的"恒温"效应，采用地下水夏灌冬用和冬灌夏用以节省能源。80年代起，为缓解水资源不足和调蓄地表径流，北京、天津、河南、河北、陕西等省先后开展了地下水人工补给的试验研究工作，并在一些地方推广应用。

　　许多省份根据当地的水文水资源状况充分利用地下水库来调蓄利用地下水。1975 年，在河北修建的仅有深井回灌系统的南宫地下水库，标志着我国地下水库发展的开始。此后在北京西郊、山东龙口、大连旅顺、广西、贵州、福建等地都已经开始修建了地下水库，并积累了宝贵的经验。在我国华北、西北地区有代表性的地下水库包括：河北的南宫地下水库，该库是一座无坝地下水库，库容 48 亿立方米，库区长 20 千米，宽 10 千米，地下砂层厚 30 米，库底是不漏水的黏土层，同时利用深井进行地表水回灌；北京西郊地下水库，该库处于永定河冲洪积扇中上部，利用河道、首钢大口井、砂石坑进行回灌，并通过建闸、坝拦蓄洪水增加河道入渗回灌量。地下水库相对于地表水库具有减少无效蒸发量，水质天然保护等优点。所以，地下水库在西北干旱地区得到了广泛的重视，其中新疆的乌拉泊洼地地下水库、柴窝堡盆地地下水库很具有典型性。目前规划和正在兴建的地下水库还有：石家庄滹沱河地下水库、郑州市新石桥—黄庄地下水库、关中盆地秦岭山前地下水库、三工河流域山前地下水库和包头市地下水库等。

　　随着我国经济的快速发展，水资源区域规划与调配工作的迅速进展，极大地改善了部分地区地表水资源的时空分布格局；同时，污水资源化、雨洪水利用等技术与实践的快速发展又为水资源的地下调蓄提供了可能的水源，这种情况为利用地下水位降落漏斗进行水资源人工调蓄的研究提供了相当有利的条件。例如，随着南水北调工程的进行，北京、河北（石家庄、邢台等）、河南（辉县）等受水区都在规划利用地下水位降落漏斗对丰水期过剩过境水进行存储和调控；中国地质科学院所承担的科技部"太行山前平原南水北调地下调蓄潜力与效益"项目，对太行山前平原各地下调蓄靶区的自然属性及其可利用性进行了量化评价。我国已在部分省区开始实施地下水库调蓄工程，北京西郊、山东龙口、大连旅顺、辽宁朝阳等地都已建造了地下水库，并积累了一定的经验。山东龙口黄水河地下水库，建成于 1995 年，是国内第一个设计功能较为完整的地下水库，它通过修建拦河闸、地下坝及大量引渗设施，联合调蓄地表水与地下水，起到了阻断海水入侵的作用，水资源得到了高效利用，同时也改善了库区的生态环境；1997年辽宁省的朝阳县在小凌河老龙湾的河漫滩上修建了一座自流引水的地下水库，水库两岸为山体，河床宽 394 米，砂砾石覆盖层厚度为 618 米，通过修建地下拦河坝，将河水蓄存于上游闭合的砂砾石孔隙中，用水时，打开地下闸门，将蓄水自流输入灌区，其有效调节库容为 36 万立方米，从而解决了地表水库泥沙淤积严重、表面蒸发损失大的问题。但总体上讲，我国在地下水人工调蓄研究方面，因对该项技术重要性认识上的不足和水利建设经费上的限制，目前尚处于探索阶段，并仍然以地下水调蓄条件、措施的研究和开展地下水人工补给及调蓄试验为主，真正实施的调蓄工程还很少，而利用地下水库调蓄水资源也仅限于个别地区，且规模小。

2. 国内地下水库水质净化方面的研究进展

我国对地下水库的研究起步比西方晚，到20世纪80年代才有人提出研究人工蓄存方法。用于人工补给的回灌水源有地表水、雨水、回用的城市污水或城市污水二级处理水。在地表径流有限的地区，暴雨和洪水成为补给水源，由于地下储水用途不同，对补给水源的水质要求就不同，但必须具备最基本的条件：回灌水质不应劣于当地地下水水质。何星海等曾对地下水人工补给利用的再生水总结了国内外再生水补给地下水研究的水质标准，并结合我国再生水的水质特点及水文地质状况从保护地下水资源和人类健康的角度探讨了再生水补给地下水应控制的水质指标，提出了水质基本控制项目 COD、BOD、氨氮等22项。谢娟等结合西安市地下水人工补给研究着重对回灌水质进行了分析论证，提出水质改善及保护措施。冯利利等模拟采空区过滤净化矿井水，结果表明矿井水的浊度去除率在90%以上，而真实采空区的过滤条件远远优于实验，实际运行中效果还将进一步提高。有研究表明，地下水库对水体的净化作用主要体现在以下几方面：过滤作用、沉淀作用、吸附作用以及生化作用。

总之，国内外已有很多修建地下水库的成功实例，尤其是有关地下水库建设可行性论证的研究内容和研究方法等，但对于地下水库净化系统的许多难点、关键问题，都处在初步阶段，对于系统的净化机理、污染物迁移转化模型、运行模式的优化以及工程的设计等方面的研究还鲜有报道。

三、研究对象基本情况

S矿区作为西部缺水地区的典型代表，在保水开采方面也做了很多工作。该矿区的某大型井工开采煤矿（以下简称C井工矿）创造性地将井下排水通过采空区矸石的过滤、净化后，再次用于矿井的生产及生活，实现了矿井水的循环利用，为保护矿区生态环境起到了积极的作用。因此，选取该矿井实际运行多年的采空区地下水库作为研究对象，采用物理模型试验和数值模拟分析相结合的分析方法，揭示采空区地下水库对矿井水水质的净化机理，总结处理规律，提出优化方案，为推动我国煤矿矿井水的高效处理和综合利用、保护干旱缺水矿区宝贵的地下水资源提供技术依据和科学基础。

C 井工矿日正常涌水量为 350 立方米/小时，最大涌水量 400 立方米/小时，采煤平均耗水量 114.5 立方米/小时，按现有的开采情况，需外排水量为 235.5 立方米/小时。对于西北干旱地区而言，地下水资源十分珍贵，一旦水排出地面，很快就会蒸发殆尽，给地表造成严重的环境污染。而且，目前 C 井工矿的矿井水综合利用率达不到规划环评要求的利用率。究其原因，矿井水处理力度不够，尤其井下处理能力不强是主要原因，从而造成地面综合利用的范围不广。因此，加大矿井水的井下处理力度，尤其利用好 C 井工矿地下水库的自净能力，使水质进一步优化，做好矿井水的井下处理及就地复用，同时拓展地面综合利用空间，具有很强的重要性与必要性。

四、案例研究方案

（一）研究目标

结合运行多年的西北干旱缺水地区的 C 井工矿采空区地下水库工程实例，系统研究煤矿采空区地下水库的空间形态和塌落体组成及分布，运用物理模型试验、数值模拟、化验分析、生产现场检验等多种研究手段揭示地下水库中水质净化原理，归纳总结提出定量计算模型公式，为推动我国煤矿矿井水的高效处理和综合利用、保护干旱缺水矿区宝贵的地下水资源，提供技术依据和科学基础。

（二）拟解决的关键问题

1. 采空区地下水赋存空间形态

煤矿采空区塌落后形态各异，充填物组成结构不同。国内关于煤矿采空区的探索性工程实例很少，采空区地下水库对水质净化效果研究属于崭新的探索性研究。开展这项研究，先要明确煤矿顶板垮落后形成的采空区地下水赋存空间形式，包括容积和成分组成，这直接影响到矿井水的处理能力和处理效果。

2. 非均质充填颗粒物净化作用效果

由于煤矿采空区是顶板垮落后形成的，根据地质资料，塌落体成分涉及泥岩、粉砂岩、泥岩角砾及断层泥、砂质泥岩、蒙脱石和高岭石等，岩土组成成分复杂，且非均质分布。因此传统的环境工程水处理经验公式和理论不适用，如何相对精确地定量化展示非均质充填颗粒物对矿井水的过滤和沉淀净化作用效果，是本书的研究重点和难点。

3. 水量和水质动态变化下处理效果稳定性

矿井水具有涌出水量冲击负荷变化幅度大、原水水质变化频繁的特点。地下水库中矿井水有以下几种来源：煤系地层自身含有的地下水在采空后涌出，开采引起的导水裂隙带导通的上覆地下水含水层中的地下水，断层导通的其他存水区域中的地下水等。不同区域的地下水赋存量和水质都不尽相同，而且可能变化较大。在矿井水涌出量和水质均呈动态变化的条件下，处理效果的稳定性如何是保证地下水库净化能力的重要因素。

4. 水质净化效果随时间推移的变化规律

由于采空区的地下水库是自然垮落形成，仅设置挡水坝和进出口管线等少数设施，人为扰动很少，同时也不具备反冲洗的条件。矿井水在里面长期沉淀和过滤吸附以后，水中的悬浮颗粒物等杂质长期沉淀积聚，可能会堵塞颗粒物间的孔隙，影响过滤和吸附效果。而且如果存在厌氧条件，也可能会发生不利于水质净化的生物反应。所以，矿井水水质在采空区地下水库内随着时间推移，会产生什么样的变化，是研究水质净化效果的重要内容。

第二节　主要研究成果

清华大学水利系王恩志教授带领的研究团队，针对 C 井工矿的实际特点，设计出了一套矿井水井下处理及就地复用优化方案。

一、C 井工矿矿井水井下处理及就地复用优化方案设计

（一）优化调度运行方式

通过多个水库之间的互相调度，通过自压或者泵送的方式，使矿井水经过多个地下水库后方能提升到地面，从而延长过滤沉淀时间。如果化验发现没有满足处理效果，还可以打回原来的水库，循环处理，直至达到预期效果，如图 6-1 所示：

（二）井下矿井水处理方案

1. 设计标准

（1）设计处理水量。

C 井工矿日正常涌水量为 1680 立方米/天，本工程的矿井水净化处理部分设计处理水量 1680 立方米/天。

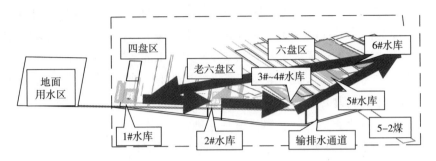

图 6 - 1 矿井综合用水循环处理示意

（2）设计处理水质。

1）C 井工矿矿井水水质情况。矿井水的主要污染物为悬浮物（煤粉）、色度、浑浊度、细菌学、氯离子及溶解性总固体等指标，根据神东电水暖服务中心化验室水质检验报告，C 井工矿矿井水水质指标如下：pH：7.04～7.14，铁：0.035～0.723 毫克/升，锰：0.04～0.292 毫克/升，氟化物：0.7～1.38 毫克/升，CODCr：5.8～23 毫克/升，氯化物：15～217 毫克/升，硫酸盐：560～567 毫克/升，石油类：小于 0.05 毫克/升，总大肠菌群：5～23CFU/100 毫升，悬浮物未检测，参考该地区同类矿井水监测数据：正常 200～600 毫克/升计，短期最高值 1500 毫克/升。主要超标因子为氟化物、铁、锰、硫酸盐和 CODCr，分析原因，氟化物和硫酸盐、铁、锰超标主要为背景值高所致，CODCr 超标主要为井下工作人员生活污水排放所致。

2）矿井水设计进水水质。设计进水水质：pH7.14，悬浮物含量（SS）：最高值＜1500 毫克/升，正常时为 200～600 毫克/升，色度、浑浊度和细菌学指标超标。

3）矿井水净化处理设计出水水质。净化处理设计出水水质：pH6.0～9.0，色度≤15，其他指标满足深度处理进水水质要求。

2. 处理工艺

以高铁高锰矿井水作为处理对象，确定矿井水井下处理及就地复用工艺流程，见图 6 - 2。矿井水经过地下水库采空区循环过滤以及渗滤后，加入孔隙率较大的水库，并专门进行絮凝沉淀处理，或者单独建设絮凝沉淀池，加入絮凝剂进行絮凝沉淀，以去除铁锰离子。然后进入阻垢装置，再添加次氯酸钠等消毒剂进行沉淀处理，最终出水进入新建的清水池，由加压泵从加压泵房打到工作面进行回用。

图6-2　矿井水水井处理及就地复用工艺流程

由于井下空间局促，新建处理池没有空间，可以把5个地下水库分别赋予稳定池、过滤池、絮凝沉淀池、生物接触氧化池、消毒池、清水池等功用，而且可以视具体情况互换功能。

（三）水质监测方案

1. 监测因子

根据国家、行业、地方相关标准，以及C井工矿特征污染因子来确定水质监测因子，确定依据如下：

（1）环境质量标准。

表6-1　环境质量标准

环境要素	标准名称及级（类）别	项目	标准限值
地表水	《地表水环境质量标准》（GB 3838—2002）Ⅲ类标准	CODcr	20mg/L
		BOD$_5$	4mg/L
		DO	5mg/L
		石油类	0.05mg/L
		氨氮	1.0mg/L
		汞	0.0001mg/L
		As	0.05mg/L
		挥发酚	0.005mg/L
		氟化物（以F$^-$计）	1.0mg/L
		pH	6~9
地下水	《地下水质量标准》（GB/T 14848—93）Ⅲ类标准	高锰酸盐指数	3.0mg/L
		总硬度（以CaCO$_3$计）	450mg/L
		硫酸盐	≤250mg/L
		pH	6.5~8.5
		氯化物	≤250mg/L
		砷	≤0.05mg/L

续表

环境要素	标准名称及级（类）别	项目	标准限值
地下水	《地下水质量标准》 （GB/T 14848—93） Ⅲ类标准	汞	≤0.001mg/L
		镉	≤0.01mg/L
		铅	≤0.05mg/L
		铬	≤0.05mg/L
		氟化物	≤1.0mg/L
		挥发酚	≤0.002mg/L
		总大肠菌群	≤3.0 个/L
		细菌总数	≤100 个/mL

（2）污染物排放标准。

表 6-2　污染物排放标准

污染类型	标准名称及级（类）别	污染因子	标准限值
废水	《煤炭工业污染物排放标准》 （GB 20426—2006）表1、表2限值	CODcr	50mg/L
		SS	50mg/L
		石油类	5mg/L
		pH	6~9
	《污水综合排放标准》 （GB 8978—1996）表4一级标准	CODcr	100mg/L
		BOD$_5$	20mg/L
		氨氮	15mg/L
		SS	70mg/L
		石油类	5mg/L
	《农田灌溉水质标准》 （GB 5084—92）旱作标准	BOD$_5$	150
		CODcr	300
		悬浮物	200
		阴离子表面活性剂（LAS）	8.0
		凯氏氮	30
		总磷（以P计）	10
		水温（℃）	35
		pH	5.5~8.5
		全盐量	2000

续表

污染类型	标准名称及级（类）别	污染因子	标准限值
废水	《农田灌溉水质标准》（GB5084—92）旱作标准	氯化物	250
		硫化物	1.0
		总汞	
		总镉	
		总砷	0.1
		铬（六价）	0.1
		总铅	0.1
		总铜	1.0
		总锌	2.0
		总硒	0.02
		氟化物	2.0
		氰化物	0.5
		石油类	10
		挥发酚	1.0
		苯	2.5
		三氯乙醛	1.0
		丙烯醛	0.5
		硼	1.0~3.0
		粪大肠菌群数（个/L）	
		蛔虫卵数（个/L）	

（3）特征因子。

根据神木 C 井工矿地区地下水矿化度较高的特点和近期水质监测报告，增加矿化度作为监测因子。

根据以上相关依据，确定 C 井工矿水质监测因子为：COD_{cr}（化学需氧量）、BOD_5（五日生化需氧量）、SS（悬浮物）、DO（溶解氧）、石油类、氨氮、汞、砷、镉、铅、铬（六价）、铜、锌、硒、挥发酚、氯化物、氟化物、硫化物、氰化物、pH、高锰酸盐指数、总硬度（以碳酸钙计）、硫酸盐、阴离子表面活性剂（LAS）、凯氏氮、总磷（以 P 计）、蛔虫卵数、全盐量、苯、三氯乙醛、丙烯醛、硼、水温、矿化度、总大肠菌群、细菌总数，共 36 项。以后视煤质变化和用水需求变化，监测因子可适当调整。

2. 监测布点

每个地下水库的进水口和出水口，应设置监测点。

3. 监测频率

设置在线监测仪器，实时监测水质，并监测水位。辅以每天一次的人工监测验证。

4. 监测数据管理

监测结果应及时建立档案，如发现异常或者发生事故时应加密监测频次，并分析污染原因，及时采取应对措施。

5. 远程监测系统

设置能够在地面及井下远程监测的排水开关监测系统。系统通过配置监测分站，把井下分散的智能阀门通过总线接入完成信息采集，再经由定制开发的监控软件实现远程监测和参数设置。同时系统具有 Web 发布功能，该矿相关领导在办公室通过计算机即可远程查看各种设备具体情况。采用现场总线 + 以太网组网方式，光纤传输方式进行系统组建，系统结构如图 6 - 3 所示。

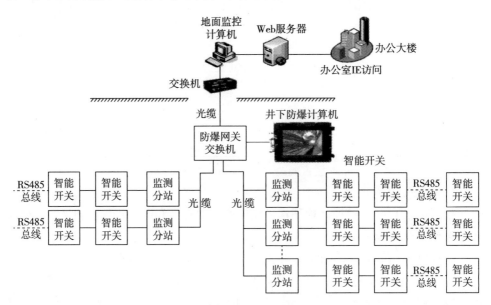

图 6 - 3　系统结构

系统主要由智能排水开关、监测分站、防爆交换机、井下防爆计算机、地面监控计算机以及 Web 服务器组成，各设备具体功能为：

智能排水开关：具有智能检测水位，水位高于高水位时进行排水，低于低水位自动停泵，高于报警水位时进行报警。

监测分站：对智能阀门进行数据采集与转换，设备具有数据采集功能，能够接入 10 台以内智能排水起动器设备，10 台开关只需通过两根屏蔽电缆接入分站，分站到开关的最远距离为 1 千米。同时分站具有以太网光转发功能，通过光缆级连接入防爆网关交换机。

防爆网关交换机：对各分支监测分站进行网络汇集，并通过防爆网关交换机往地面传输数据。

井下防爆计算机：计算机安装监控软件，能够在井下对各阀门进行远程监测和参数设置。

地面监控计算机：功能与井下计算机类似，提供地面监测功能。

Web 服务器：Web 服务器对井下阀门数据进行网络发布，便于各相关人员通过办公室计算机即可了解井下阀门情况。若矿井具备以太环网，不需要重新布网路，方案实施非常方便。

二、地下水库矿井水净化机理实验研究

（一）实验目的

为掌握 C 井工矿采空区地下水库对矿井涌水水质的净化机理，更好地发挥地下水库的环境效益，优化调度运行方式，为相关的理论研究获取科学依据，设计了一系列实验进行研究，目前已完成两轮实验。

（二）实验过程

1. 第一轮实验

（1）成分分析。

煤矸石样取自 C 井工矿井下巷道自然塌落体，为灰黑色的粗细混杂散体状。煤矸石化学成分分析结果如表 6 - 3 所示。化学成分分析结果可为毒性浸出试验的污染物目标提供依据。

表 6 - 3 煤矸石化学成分

氧化物成分	SiO_2	Al_2O_3	Fe_2O_3	K_2O	MgO	TiO_2	Na_2O	CaO
百分比（%）	60.38	24.73	5.76	4.31	1.37	1.36	0.89	0.81
氧化物成分	SO_3	ZrO_2	MnO	$Cr2O_3$	SrO	Rb_2O	ZnO	NiO
百分比（%）	0.11	0.06	0.06	0.06	0.05	0.02	0.02	0.01

为分析煤矸石本身可能含有的污染物成分，结合其成分分析中含量较高的金属成分进行了毒性浸出的实验。检测指标为钾、铁、铜、锌、铝、镁、锰。实验方法依照 HJ/T 299—2007《固体废物浸出毒性浸出方法硫酸硝酸法——中华人民共和国环境保护行业标准》进行。根据表 5 - 4 的毒性浸出试验结果，煤矸石不属于危险废物。检测结果如表 6 - 4 所示。

表 6 - 4　毒性浸出试验结果

离子	Al	Cu	Fe	K	Mg	Mn	Zn
浸出液（ppm）	6.964	0.3508	21.77	9.122	11.89	1.687	2.101
标准*（ppm）	—	100	—	—	—	—	100

注："—"表示为标准中未列为危险物的指标。

（2）淋滤试验。

为研究地下水库煤矸石塌落散体对矿井废水的净化能力，采用土壤渗透仪进行土柱淋滤试验，检测不同淋滤渗流阶段废水中目标成分的去除情况。

初始废水水样取自 C 井工矿二煤井口。

1）土样制备。筛去掉大颗粒后，煤矸石料级配曲线如图 6 - 4 所示。

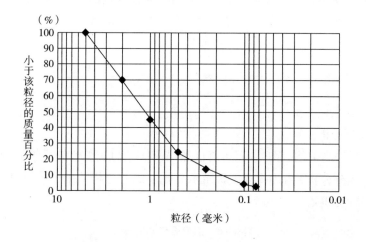

图 6 - 4　煤矸石料级配曲线

2）滤出水样检测。

分别采集原样、过流总量 1L 后、过流总量 2L 后、过流总量 3L 后共 4 份水样进行化验检测，如表 6-5 所示。

表 6-5　送检水样信息

水样标签	水样性质
原样	原水样
过流 1L	0~1.19L 滤出水样
过流 2L	1.19~2.22L 滤出水样
过流 3L	2.22~3.35L 滤出水样

参考常见的水质超标因子和煤矿特征污染因子，选择悬浮物、总硬度、COD、氨氮、氟化物、铁、锰、石油类 8 项作为重点检测指标。检测结果如表 6-6 所示。

表 6-6　水样检测结果

水样	原样	过流 1L 后	过流 2L 后	过流 3L 后	标准值*
体积，L		1.19	1.03	1.13	
总硬度（以 $CaCO_3$ 计），mg/L	396	334	351	366	450
悬浮物，mg/L	164	未检出（<5）	未检出（<5）	未检出（<5）	要求肉眼可见物无
化学需氧量（CODcr），mg/L	56	19.6	10.2	7.8	20
氟化物，mg/L	0.66	0.42	0.46	0.51	1.0
氨氮（以 N 计），mg/L	0.424	0.342	0.229	0.174	1.0
石油类，mg/L	0.06	未检出（<0.04）	未检出（<0.04）	未检出（<0.04）	0.05
铁，mg/L	4.54	未检出（<0.03）	未检出（<0.03）	未检出（<0.03）	0.3
锰，mg/L	0.183	0.013	未检出（<0.001）	0.013	0.1

注：＊标准值来自《地表水环境质量标准》（GB3838—2002）Ⅲ类水质标准。

表 6-7 为总硬度、COD、氟化物以及氨氮去除率。

表 6 - 7　单项污染物去除率变化

去除率（%）	过流 1L 后	过流 2L 后	过流 3L 后
总硬度	15.66	11.36	7.58
COD	65	81.79	86.07
氟化物	36.36	30.30	22.73
氨氮	19.34	45.99	58.96

（3）数据分析。

1）总硬度测试结果分析。根据表 6 - 6 和表 6 - 7，总硬度的浓度与去除率变化趋势见图 6 - 5 和图 6 - 6，分析如下：

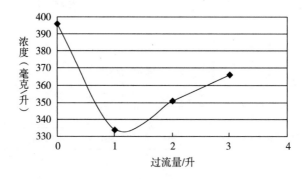

图 6 - 5　总硬度浓度变化趋势

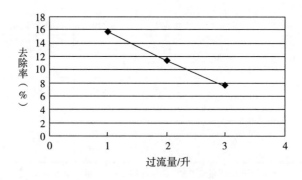

图 6 - 6　总硬度去除率变化趋势

废水原水样总硬度（总硬度为水中钙离子和镁离子的含量，表达为 $CaCO_3$

含量）为396毫克/升，低于水质标准（450毫克/升），滤出水样的总硬度均有所降低，但随着过流量的增加呈上升趋势，从过流1升水样的334毫克/升上升到过流3升水样的366毫克/升；去除率逐渐下降，从过流1升水样的15.66%下降到过流3升水样的7.58%，说明煤矸石土柱对钙、镁离子的吸附能力随吸附过程的进行逐渐下降。

2）COD测试结果分析。COD的浓度与去除率变化趋势见图6-7和图6-8，分析如下：

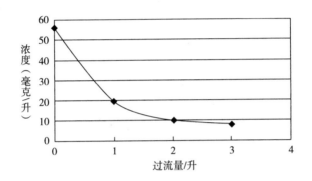

图6-7　COD浓度变化趋势

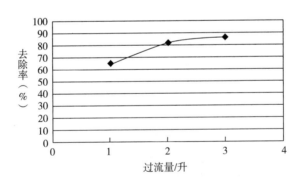

图6-8　COD去除率变化趋势

废水原水样COD含量较高，为56毫克/升，高于水质标准的20毫克/升；滤出水样的COD含量均大幅度降低，且随着过流量的增加，COD浓度不断下降，从过流1升后的19.6毫克/升下降到过流3升后的7.8毫克/升；去除率不断增加，从过流1升后的65%增加到过流3升后的86.07%，且在过流1~2升内增加明显，增加了16.8%，说明煤矸石土柱在初期过流过程中的去除COD能力显著。

3）氟化物测试结果分析。氟化物的浓度与去除率变化趋势见图 6 - 9 和图 6 - 10，分析如下：

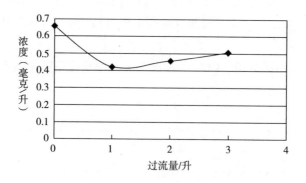

图 6 - 9　氟化物浓度变化趋势

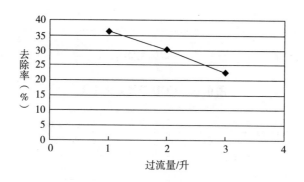

图 6 - 10　氟化物去除率变化趋势

废水原水样氟化物浓度为 0.66 毫克/升，低于水质标准的 1.0 毫克/升，滤出水样的氟化物浓度均有明显降低，但随着滤出过程呈上升趋势。从过流 1 升水样的 0.42 毫克/升上升到过流 3 升水样的 0.51 毫克/升；去除率逐渐下降，从过流 1 升水样的 36.36% 下降到过流 3 升水样的 22.73%，说明煤矸石土柱对氟化物的吸附能力随吸附过程的进行逐渐下降。

4）氨氮测试结果分析。氨氮的浓度与去除率变化趋势见图 6 - 11 和图 6 - 12，分析如下：

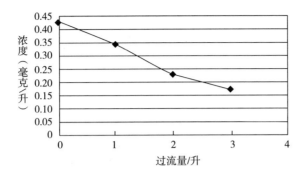

图 6 - 11　氨氮浓度变化趋势

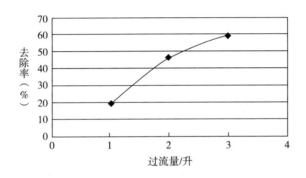

图 6 - 12　氨氮去除率变化趋势

废水原水样氨氮含量较低，为 0.424 毫克/升，低于水质标准的 1.0 毫克/升。滤出水样的氨氮含量明显降低，且随着过流量的增加，氨氮浓度不断下降，从过流 1 升后的 0.342 毫克/升下降到过流 3 升后的 0.174 毫克/升；去除率不断增加，从过流 1 升后的 19.34% 增加到过流 3 升后的 58.96%，且在过流 1~2 升内增加明显，增加了 26.65%，说明煤矸石土柱在初期过流进程内的去除氨氮能力显著。

5）各污染因子去除率比较分析。第一轮实验后，将各项污染物的去除率趋势进行比较，如图 6 - 13 所示。分析得到：总硬度与氟化物的去除率随着过流量的增加都呈下降趋势，说明煤矸石土柱对总硬度以及氟化物的吸附能力随吸附过程的进行逐渐下降，且氟化物的去除率较总硬度下降更为明显。COD 与氨氮的去除率随着过流量的增加都呈上升趋势，而且土柱对氨氮的去除能力强于对 COD 的去除能力。

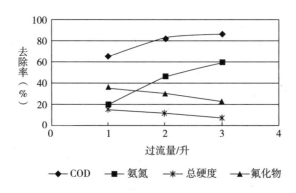

图 6 – 13　各项污染物去除率比较

6）其他成分效果分析。

原废水水样中，悬浮物、铁的含量超标很多，石油类、锰的含量略微超标。但滤出水样中的上述4种成分的含量均很低，大部分未检出。说明煤矸石对这4种成分的去除能力显著。

图 6 – 14　原水样（左）及经土柱滤出水样（右）

其中，废水原水样中悬浮物含量为164毫克/升，呈灰黑色浑浊状。煤矸石土柱滤出水样目视皆为清澈状，其悬浮物基本去除，3 个水样悬浮物含量均 < 5 毫克/升。说明煤矸石土柱对悬浮物具有持续的去除能力，不受吸附过程影响。

（4）第一轮实验结果总体分析。

土柱淋滤试验表明，煤矸石对废水中目标成分均具有不同程度的去除作用，其中部分成分去除作用显著。

2. 第二轮实验

第一轮实验取得了良好的实验结果，对于煤矿采空区的水质净化效果有了初步的结论，但是由于 C 井工矿矿井水初始水质浓度不高，因此实验数据的趋势性反应不明显。

为了进一步摸清煤矿采空区地下水库对于矿井水的水质净化机理，使实验数据更直观，易于比较，第二轮实验筛选了常见的水质污染因子，自配高浓度的水样。用高浓度废水进行土柱淋滤试验，获得的数据梯度性更好、更直观，从而更精确地掌握水质净化规律。

（1）溶液配置。

选择 4 种左右典型污染物：COD、氨氮、铅、锌，在特定试验条件下（室温、pH = 7 等），进行吸附试验。

自制典型污染物的水样，每种水样初始容积 5000 毫升，COD、氨氮等主要因子试剂浓度为 1000 毫克/升，配制标准参照标准如下：

1）氨氮标准溶液（参照 HJ535—2009）。氨氮标准贮备溶液，ρN = 1000 μg/mL。

称取 3.8190 克氯化铵（NH_4Cl，优级纯，在 100 ~ 105℃干燥 2 小时），溶于水中，移入 1000 毫升容量瓶，稀释至标线，可在 2 ~ 5℃保存 1 个月。

2）COD 标准溶液（参照 HJ/T 399—2007）。COD 标准贮备液：COD 值 5000 毫克/升。

将邻苯二甲酸氢钾在 105 ~ 110℃下干燥至恒重后，称取 2.1274 克邻苯二甲酸氢钾溶于 250 毫升水中，转移此溶液于 500 毫升容量瓶中，用水稀释至标线，摇匀。此溶液在 2 ~ 8℃下贮存，或在定容前加入约 10 毫升硫酸溶液，常温可稳定保存 1 个月。

COD 标准贮备液：COD 值 1250 毫克/升。

量取 50.00 毫升 COD 标准贮备液于 200 毫升容量瓶中，用水稀释至标线，摇匀。此溶液在 2 ~ 8℃下贮存，可稳定保存 1 个月。

COD 标准贮备液：COD 值 625 毫克/升。

注：标准中规定的所用试剂的纯度应在分析纯以上，所用标准滴定溶液、制剂及制品，应符合国家标准，实验用水应符合国标中三级水的规格。

铅、锌溶液自行配置，初始浓度分别为1000毫克/升和350毫克/升。

（2）制备土柱。

制作四个土柱，土柱由符合的煤矸石组分制成。每种土柱内所含的土样来源和粒径级配一致，同时分别进行四种污染物的淋滤实验。然后进行土柱淋滤试验，研究其不同淋滤过流阶段污染物去除情况。

（3）取样方案。

考虑到根据阶段实验结果反映出来的规律，去除效果在初期最好，随着时间的推移逐渐下降，因此拟订的取样方案为：对于配置好的水样，先取出100毫升作为原样保存，与今后所取水样一并送检，以保留原始记录。

开始实验时取样间隔最密，即每过流100毫升取样一次；共过流1升水样后取样间隔渐疏，为每过流200毫升取样一次；共过流2升水样后取样间隔再疏，为每过流250毫升取样一次；共过流3升水样后取样间隔再疏，为每过流333毫升取样一次；共过流4升水样后取样间隔最疏，为每过流500毫升取样一次；直至5升水样全部过完。期间，视实验情况进行抽检，及时调节取样方案。所有水样与原样一起，送有资质的检测单位化验。

（4）数据分析。

目前铅、锌、氨氮、COD 的实验室数据已经获取完毕（详见表6-8~表6-11）。

表6-8　铅的实验室数据表

Pb		
过流量/（升）	浓度（毫克/升）	去除率（%）
0.069	14.184	98.58
0.125	3.716	99.63
0.2	5.642	99.44
0.267	1.002	99.90
0.377	1.32	99.87
0.501	4.024	99.60
0.595	0.684	99.93

续表

Pb		
过流量/（升）	浓度（毫克/升）	去除率（%）
0.704	3.918	99.61
0.806	4.15	99.59
0.92	6.736	99.33
1.024	7.204	99.28
1.132	3.602	99.64
1.356	22.8	97.72
1.565	33.7	96.63
1.765	62.12	93.79
1.965	81.74	91.83
2.205	108.6	89.14
2.413	125.36	87.46
2.615	139.96	86.00
2.855	184.5	81.55
3.097	190.96	80.90
3.397	237	76.3
3.877	264.2	73.58

表6-9 锌的实验室数据

Zn		
过流量（升）	浓度（毫克/升）	去除率（%）
0.055	4.598	98.47
0.11	2.934	99.03
0.175	3.447	98.85
0.229	5.1	98.30
0.293	4.194	98.60
0.381	6.459	97.85
0.515	7.273	97.58
0.631	10.76	96.42
0.742	12.99	95.67
0.844	13.72	95.43

Zn		
过流量（升）	浓度（毫克/升）	去除率（%）
0.944	15.19	94.94
1.053	14.89	95.04
1.154	19.02	93.67
1.415	22.15	92.62
1.627	27.1	90.98
1.836	26.73	91.10
2.036	30.12	89.97
2.236	34.03	88.67
2.436	34.74	88.43
2.636	42.5	85.85
2.878	43.37	85.56
3.118	46.68	84.46
3.368	58.6	80.49
3.668	58.44	80.54
3.798	65.96	78.04

表 6 – 10　氨氮的实验数据

氨氮		
过流量（升）	浓度（毫克/升）	去除率（%）
0.059	141	85.81
0.221	232	76.66
0.525	374	62.37
0.874	528	46.88
1.292	662	33.40
1.896	806	18.91
2.538	876	11.87
3.388	914	8.05

表 6 – 11 COD 的实验数据

COD		
过流量（升）	浓度（毫克/升）	去除率（%）
0. 064	1540	– 54. 31
0. 216	1200	– 20. 24
0. 517	1020	– 2. 20
0. 857	979	1. 90
1. 888	962	3. 61
2. 66	964	3. 41
3. 33	960	3. 81

1）铅锌测试结果分析。Pb 的浓度与去除率变化趋势见图 6 – 15 和图 6 – 16，分析如下：

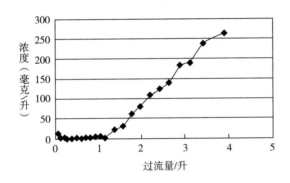

图 6 – 15 Pb 浓度变化趋势

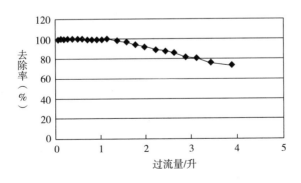

图 6 – 16 Pb 去除率变化趋势

Pb 的浓度总体上随着过流量的增加呈上升趋势，从过流 0.069 升水样的 14.184 毫克/升上升到过流 3.877 升水样的 264.2 毫克/升；去除率逐渐下降，从过流 0.069 升水样的 98.58% 下降到过流 3.877 升水样的 73.58%，说明煤矸石土柱对 Pb 的吸附能力随着吸附过程的进行逐渐下降。

Zn 的浓度与去除率变化趋势见图 6 - 17 和图 6 - 18，分析如下：

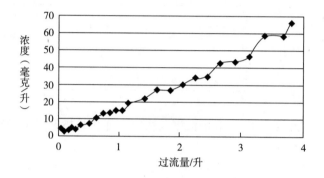

图 6 - 17　Zn 浓度变化趋势

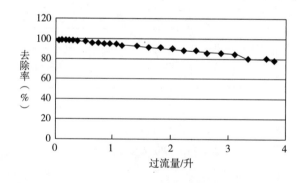

图 6 - 18　Zn 去除率变化趋势

Zn 的浓度总体上随着过流量的增加呈上升趋势，从过流 0.055 升水样的 4.598 毫克/升上升到过流 3.798 升水样的 65.96 毫克/升；去除率逐渐下降，从过流 0.055 升水样的 98.47% 下降到过流 3.798 升水样的 78.04%，说明煤矸石土柱对 Zn 的吸附能力随着吸附过程的进行也是呈逐渐下降趋势。

通过对比含有 Pb、Zn 两种典型污染物的水样淋滤液浓度去除率分析，两种元素的去除效果十分相近，如图 6 - 19 所示。

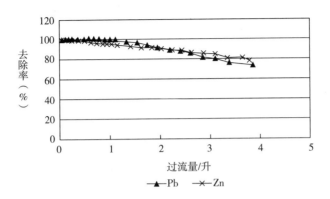

图 6 - 19　Pb、Zn 去除率趋势比较

2）氨氮测试结果分析。氨氮的浓度与去除率变化趋势见图 6 - 20 和图 6 - 21。

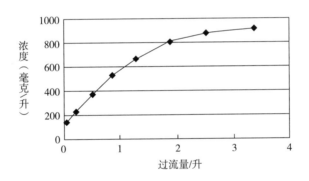

图 6 - 20　氨氮浓度变化趋势

根据图 6 - 20 分析可知，氨氮的浓度总体上随着过流量的增加呈上升趋势，从过流 0.059 升水样的 141 毫克/升上升到过流 3.388 升水样的 914 毫克/升；去除率逐渐下降，从过流 0.059 升水样的 85.81% 下降到过流 3.388 升水样的 8.05%，说明煤矸石土柱对氨氮的吸附能力随着吸附过程的进行呈下降趋势。

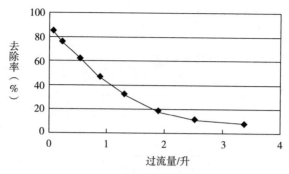

图6－21　氨氮去除率变化趋势

3）COD 测试结果分析。COD 的浓度与去除率变化趋势见图6－22 和图6－23。

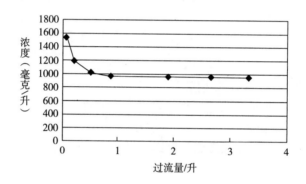

图6－22　COD 浓度变化趋势

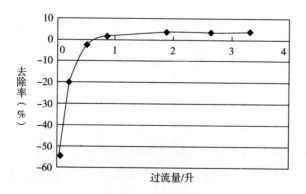

图6－23　COD 去除变化趋势

COD 的淋滤实验结果与其他几个因子的变化规律不同，具体表现为：

由于 COD 的初始浓度为 1000 毫克/升, 在过流 0～500 毫升条件下, COD 的浓度不降反升, 说明煤矸石土柱内本身含有可表征为化学需氧量的物质, 并可以被淋滤到水中。这部分的贡献值高达 0～540 毫克/升。

过流量超过 500 毫升以后, COD 的浓度基本稳定在 1000 毫升左右, 说明土柱内可淋滤出的 COD 已基本淋滤完毕, 而土柱本身的吸附过滤对于 COD 基本没有去除作用。

可见, 煤矸石土柱对本次实验由邻苯二甲酸氢钾配置的溶液基本没有去除 COD 的作用, 而且土柱自身存在的可表征为化学需氧量的物质在淋滤初期还对 COD 有一定的贡献。结合第一轮实验结果, 说明煤矸石土柱对于矿井水中的 COD 无论有机组分还是无机组分去除效果均不大。

但本次 COD 实验也具有一定的局限性, 因为 COD 的表征是由邻苯二甲酸氢钾配置的, 若 COD 组分是由其他种类的物质组成, 则净化规律可能有所不同。

(5) 第二轮实验结果总体分析。

1) 各污染因子去除率比较分析。综合分析本轮实验的监测结果, 将 Pb、Zn、氨氮、COD 的去除率趋势相比较得到图 6-24。

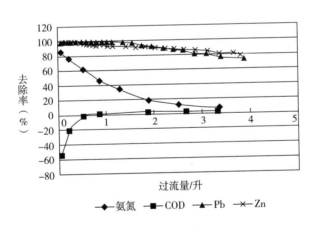

图 6-24　各项污染物去除趋势比较

分析得到: 氨氮、Pb、Zn 在第二轮实验中去除率呈下降趋势, 其中氨氮的下降趋势最为明显, 说明煤矸石土柱对这三种污染物的吸附能力随着吸附过程的进行逐渐下降; COD 的去除能力不大。

2) 两轮实验 COD、氨氮去除率比较。

通过对两轮实验中 COD 的去除率进行比较, 如图 6-25 所示, 发现岁过流量的增加都呈上升趋势，且初期上升明显，过流2升后基本不变。可见，煤矸石土柱本身对 COD 去除能力不明显。第一轮实验中 COD 处理效果很可能主要来自矿井水自身的生物降解能力，需要在后续的生物实验里进一步验证。

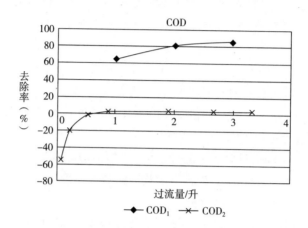

图 6 – 25　两轮实验 COD 去除率相比较

通过对两轮实验中氨氮的去除率进行比较，如图 6 – 26 所示，发现在第一轮实验中，氨氮的去除率呈上升趋势，而在第二轮实验中氨氮的去除率呈下降趋势。经分析，第一轮实验中氨氮处理效果很可能主要来自矿井水自身的生物降解能力，也需要在后续的生物实验里进一步验证。

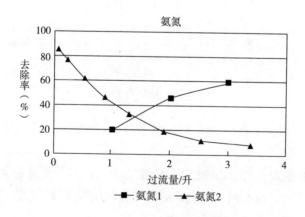

图 6 – 26　两轮实验氨氮去除率相比较

（三）净化机理分析

在前几轮实验数据的基础上，我们做了进一步的分析，以探索神木 C 井工矿煤矸石对矿井水的净化机理。主要研究进展如下：

1. 对铅锌离子的吸附

在 100~500 毫克/升初始离子浓度情况下，不同土水比时的吸附量和去除率曲线见图 6~27 和图 6~28。

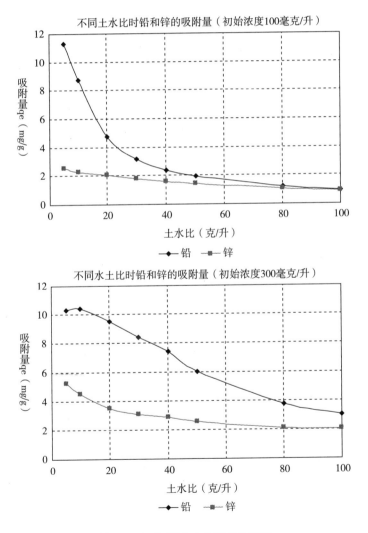

图 6-27　不同土水比时的吸附量

由图6-27可见，在不同的初始浓度下，铅和锌的吸附量都随土水比增大而减小；而且铅的吸附量大于锌的吸附量。

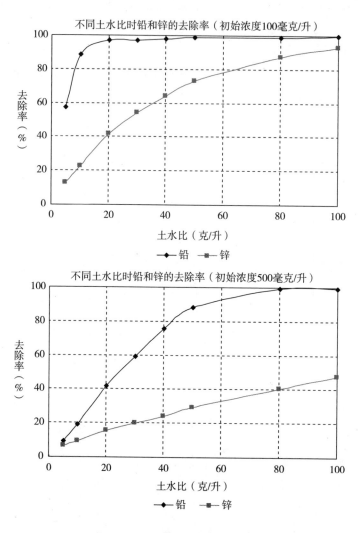

图6-28 不同土水比时的去除率

由图6-28可见，铅和锌的去除率随土水比增大而增大，随铅和锌的初始浓度增大而减小。在较高土水比（80克/升以上）时，铅的去除率可达到100%，锌的去除率未能达到100%。

由图6-27和图6-28总体分析可得：①煤矸石对铅和锌离子的吸附，均符合等温吸附模式；②煤矸石对铅的吸附能力大于锌。

2. 竞争吸附

当铅锌离子共存，是存在竞争吸附的，此时吸附量与平衡浓度之间的关系见图6-29和图6-30。

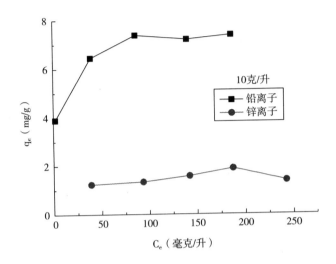

图6-29 土水比为10克/升时铅锌共存情况的吸附量

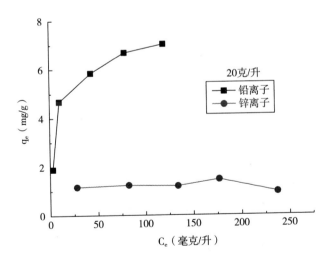

图6-30 土水比为20克/升时铅锌共存情况的吸附量

由图6-29和图6-30可知，铅离子吸附量随平衡浓度增大而增大，最大吸附量超过 7mg/g；锌离子吸附量随平衡浓度变化不大，吸附量在 1～1.5mg/g 之间。

竞争吸附时吸附量比单一吸附时有所下降，说明竞争吸附的存在会抑制离子的吸附。铅锌竞争吸附时，铅有吸附优势。在竞争吸附条件下，处于竞争吸附劣势的离子成分，其迁移能力会大大加强，尤其是在吸附过程后期接近吸附饱和时，愈加明显。

3. 规律总结

通过两轮实验的数据分析，可以总结规律如下：

（1）采空区地下水库对矿井水净化作用较强。

实验结果表明，采空区地下水库中含有的煤矸石等成分，对大部分污染因子具有吸附去除作用，悬浮物、石油类、铁、锰等污染因子去除效果显著，滤出水样中的含量很低，大部分未检出。

通过以上实验结果分析可见，煤炭采空区地下水库对于含氮污水和重金属污水有一定的污染去除能力，对于此类特征的生活污水和生产废水的处理有一定的应用意义。

（2）净化能力随着过流量的增加而不断变化。

滤出水样中的部分目标成分（总硬度、氟化物）的含量，随滤出过程（1～3升）逐渐增加，但均未达到初始废水水样的含量。表明试验的初始阶段，煤矸石对目标成分的吸附能力最强，随着试验过程的延长，吸附去除能力逐渐有所减弱，但仍然具有一定的吸附能力。总体上看，去除效果在初期最好，随着时间的推移逐渐下降。

同时，煤矿矿井水中的污染物去除效果在初期最好，随着时间的推移逐渐下降。

（3）不同污染因子净化能力变化差异显著。

煤矸石对 COD 和氨氮有明显的去除作用。但滤出水样中 COD 和氨氮的含量，随滤出过程（1～3升）逐渐减小。此现象表明，随着试验过程的延长，土柱对 COD 和氨氮的吸附去除能力逐渐增强，此现象的变化规律与大多数污染因子（总硬度、氟化物、悬浮物、石油类、铁、锰）的净化规律相反。此现象的原因，需要进一步研究，初步分析，很可能与矿井水中可生物降解成分的自然降解有关。在下一步的实验中，用不可生物降解的物质配置 COD 溶液，再进行验证实验。

地下水库采空区煤矸石对于以无机物为主要成分的 COD 未有明显去除效果，

对于有机物为主要成分的 COD，取出效果很可能主要来自生物降解反应。

第三节 研究价值

一、创新价值

针对以往的研究大多没有考虑利用煤矿井下空间大规模处理矿井水的不足，本书利用废弃矿坑建设地下水库，对矿井水进行深度处理可能存在的各种机理，包括过滤、沉淀、吸附以及生化等反应类型，研究净化机理和影响处理效果的关键因素，通过监测化验分析等多种方法，对废弃采空区内塌落体的岩土性质、粒径分布、渗透性、吸附能力、沉淀效率等参数进行系统的定量试验检测分析，研究获取关键参数与净化效果之间的联系，创新性地揭示了煤矿废弃采空区作为矿井水处理和回用重要设施的综合作用机理。

二、效益分析

（一）生态效益

利用井下废弃采空巷道建造的地下水库，不占用地面土地，不破坏地面植被。矿井水处理后直接就地复用，会较好地保持当地地下水的结构。

（二）社会效益

可以保持煤矿和当地居民的良好关系，创造相应的社会效益。

（三）环境效益

减少以往那种将矿井水打到地面处理后，再打回井下利用所造成的沿途污染。

（四）经济效益

矿井污水不外排，可免予交付排污费；减少矿井水泵送地面上处理的量，可节省提升电费；节省将水打到地面上处理建设处理厂的车间费用。

参考文献

［1］ ANDERSON M. P. , WOESSNER W. W. Applied Groundwater Modeling：Simulation of Flow and Advective Transport ［M］. New York：Academic Press Inc. , 1992.

［2］ Asano T. Artificial Recharge of Groundwater with Reclaimed Municipal Wastewater：Current Status and Proposed Criteria ［J］. Water Science and Technology, 1992, 25 （12）：87 – 92.

［3］ Bao CK, Lu YS, Shang JC. Framework and Operational Procedure for Implementing Strategic Environmental Assessment in China ［J］. Environmental Impact Assessment Review. 2004, 24：27 – 46.

［4］ Barker A. Strategic Environmental Assessment （SEA） as a Tool for Integration Within Coastal Planning ［J］. Journal of Coastal Research, 2006, 22：946 – 950.

［5］ Bina O. Context and Systems：Thinking More Broadly about Effectiveness in Strategic Environmental Assessment in China ［J］. Environmental Management, 2008, 42：717 – 733.

［6］ Bouwer H. Role of Groundwater Recharge in Treatment and Storage of Wastewater for Reuse ［J］. Water science and technology, 1991, 24 （9）：295 – 302.

［7］ Briffett C. , Obbard JP, Mackee J. Towards SEA for the Developing Nations of Asia ［J］. Environmental Impact Assessment Review, 2003, 23：171 – 196.

［8］ Catherine A Simpson , Associate Editor. New Processes may Replace Chlorine, Improve in Remediation ［J］. Pollution Engineering, 1994, 26 （8）：52.

［9］ Chaker A. , El – Fadl K. , Chamas L. , Hatjian B. A Review of Strategic Environmental Assessment in 12 Selected Countries ［J］. Environmental Impact Assessment Review, 2006, 26：15 – 56.

［10］ Chen QL, Zhang YZ, Ekroos A. Comparison of China's Environmental Impact Assessment (EIA) Law with the European Union (EU) EIA Directive [J]. Environmental Monitoring and Assessment, 2007, 132: 53 – 65.

[11] David F Weymann. Biosparging Used in Aquifer Remediation [J]. Pollution Engineering, 1995, 5: 36 – 41.

[12] Deram A. , Petit D. , Robinson B. , et al. Natural and Induced Heavy Metal Accumulation [J]. Plant and Soil, 1999, 208: 87 – 94.

[13] Devlin J F, Barker J F. Field Demonstration of Permeable Wall Flushing for Biostmulation of a Shallow Sandy Aquifer [J]. Groundwater Monitoring & Remediation, 1999, 19 (1) .

[14] D. Rotherham, F. Spode, D. Fraser. Post Coal – Mining Landscape: An Under – Appreciated Resource for Wildlife, People and Heritage [A]. In Heather M. Moore, Howard R. Fox & Scott Elliott, Land Reclamation [C]. Ectending the Boundaries, 2003: 93 – 99.

[15] EWING R E. Multidisciplinary Interactions in Energy and Environmental Modeling [J]. Journal of Computational and Applied Mathematics, 1996, 74: 193 – 215.

[16] Franz Nestmann, C. J. Du, H. H. Bernhart, A. Kron, Verification of Finite Point Model with Laboratory Experiments [J]. Proceedings Volume, IAHR Congress, 1999.

[17] Gang Liang. The Current Situation and Interaction Mechanism Research of Coal Mine's EIA and Environmental Acceptance [J] . The International Conference on Artificial Intelligence, Management Science and Electronic Commerce (AIMSEC), 2011 (3): 2495 – 2498.

[18] Gennady Denisov , R. Edwin Hicks, Ronald F. Probstein. On the Kinetics of Charged Contaminant Removal from Soils Using Electric Fields [J] . Journal of Colloid and Interface Science, 1996, 178 (1) : 309 – 323.

[19] Getchell F. , Wiley D. Artificial Recharge Enhances Aquiter Capacity [J]. Water/Engineering and Management, 1995, 142 (11): 24 – 25.

[20] G. Massmann, J. Greskowiak, U. Dunnbier, S. Zuehlke, A. Knappe, A. Pekdeger. The Impact of Variable Temperatures on the Redox Conditions and the Behaviour of Pharmaceutical Residues During Artificial Recharge [J]. Journal of Hydrology, 2006, 328 (1 – 2): 141 – 156.

[21] Hesselberth, D. Hobson. Land Reelamation in the North East: The Last 30

Years ［A］. In Heather M. Moore，Howard R. Fox & Scott Elliott，Land Reclamation ［C］. Extending the Boundaries，2003：81 - 89.

［22］ Jagannathan Krishnamurthy，Arul Mani，Venkatakrishnan Jayaraman M Manivel. Groundwater Resources Development in Hard Rock Terrain - an Approach Using Remote Sensing and GIS Techniques ［J］. International Journal of Applied Earth Observation and Geoinformation，2000，2（3 - 4）：204 - 215.

［23］ Jha M. K. ，Chikamori K. ，Kamii Y. Effectiveness of the Kamo River for Artiticially Recharging the Takaoka Aquifer，Tosa City，Japan ［J］. International Agricultural Engineering Journal，1998，7（2）.

［24］ John Krakowski. Hazardous waste Microbubbles and Electron Beams are Part of Growing Arsenal to Treat Contaminated Soils ［J］. Pollution Engineering，1994，26（8）：52.

［25］ Kao CM，Lei S E. Using a Peat Biobarrier to Remediate PCEP TCE Contaminated Aquifer ［J］. Wat Res，2000，34（3）：835 - 845.

［26］ LI Shu Guang，McLANGHLIN D. A Computationally Practical Method for Stochastic Groundwater Modeling ［J］. Advances in Water Resources，2003，26：1137 - 1148.

［27］ Ma L. ，Spalding R. F. Effects of Artificial，Recharge on Ground Water Quality and Aquifer Storage Recovery ［J］. Journal of the American Water Resources Association，1997，33（3）：561 - 572.

［28］ MEHLS，HILL M C. Development and Evaluation of a Local Grid Refinement Method for Block Centered Finite Difference Groundwater Models Using Shared Nodes ［J］. Advances in Water Resources，2002，25：497 - 511.

［29］ N. Phien - Wej，P. H. Giao，P. Nutalaya. Field Experiment of Artificial Recharge Through a Well With Reference to Land Subsidence Control ［J］. Engineering geology，1998，50（1 - 2）：187 - 201.

［30］ R. L. Langford，W. R. Ormsby，H. M. Howard. Managing Abandoned Mine Sites in Westen Australia Creating the Inventory ［A］. Proceeding of Workshop on Management and Remediation of Abandoned Mines ［C］. 2003：59 - 65.

［31］ Thomas Beauwens，Pierre De Cannire，Hugo Moors，et al. Studying the Migration Behaviour of Selenate in Boom Clay by electromigration ［J］. Engineering Geology，2005，77（3）：285 - 293.

［32］Wei Li, Yan‐ju Liu, Zhifeng Yang. Preliminary Strategic Environmental Assessment of the Great Western Development Strategy: Safeguarding Ecological Security for a New Western China ［J］. Environ Manage. 2012, 49 (2): 483 – 501.

［33］Yin Shangxian, Liu Yueqin. Application of the Boundary Element Method Groundwater Resources Management ［J］. Journal of South China University. Technology (Natural Science Edition), 2002, 30 (5): 86 – 90.

［34］Zhukun, Chenhui, LiGuangHe, et al. Remediation of Petroleum Compounds in Groudnwater a quifer With Chlorine Dioxide ［J］. Wat Res, 1998, 32 (5): 1471 – 1480.

［35］Zhuping Sheng. An Aquifer Storage and Recovery System with Reclaimed Wastewater to Preserve Native Groundwater Resources in El Paso, Texas ［J］. Journal of Environmental Management, 2005, 75 (4): 367 – 377.

［36］卞锦宇, 薛禹群, 程诚. 上海市浦西地区地下水三维数值模拟 ［J］. 中国岩溶, 2002, 21 (3): 182 – 187.

［37］陈崇希, 唐仲华. 地下水流动问题数值方法 ［M］. 武汉: 中国地质大学出版社, 1990.

［38］陈宏, 陈玉成, 杨学春. 化学添加剂对土壤和莴笋中重金属残留量的影响试验 ［J］. 农业工程学报, 2005, 21 (7): 120 – 123.

［39］陈怀满. 土壤—植物系统中的重金属污染 ［M］. 北京: 科学出版社, 1996.

［40］陈家军, 王红旗, 张征. 地质统计学方法在地下水水位估值中应用 ［J］. 水文地质工程地质, 1998 (6): 7 – 10.

［41］陈锁忠, 黄家柱, 张金善. 基于 GIS 的孔隙水文地质层三维空间离散方法 ［J］. 水科学进展, 2004, 15 (5): 634 – 639.

［42］陈锁忠, 闾国年, 朱莹等. 基于 GIS 的地下水流有限差数值模拟参数自动提取研究 ［J］. 地球信息科学, 2006, 8 (2): 77 ~ 83.

［43］陈秀成, 曹瑞钰. 地下水污染治理技术的进展 ［J］. 中国给水排水, 2001, 17 (4): 23 – 26.

［44］陈雨孙, 孙宝祥. 非稳定有限分析格式 ［J］. 工程勘察, 1991 (2): 23 – 27.

［45］陈雨孙. 地下水运动与资源评价 ［M］. 北京: 中国建筑工业出版社, 1986.

［46］陈雨孙. 解析有限单元法的基本原理［J］. 工程勘察，1994（5）：25－43.

［47］陈雨孙. 有限元法应用＋水文地质的回顾及解析有限元法的提出［J］. 工程勘察，1994（2）：23－28.

［48］程生平. 浅谈地下水污染的调查方法及防治的几点措施. 中国科技信息，2010（22）：27.

［49］崔德杰，张玉龙. 土壤重金属污染现状与修复技术研究进展［J］. 土壤通报，2004，35（3）：366－370.

［50］崔小东. Modflow 和 IDP 在天津地面沉降数值计算中的应用与开发［J］. 中国地质灾害与防治学报，1998，9（2）：122－128.

［51］崔亚莉，邵景力，谢振华等. 基于 MODFLOW 的地面沉降模型研究——以北京市区为例［J］. 工程勘察，2003（5）：19－22.

［52］邓铭江，裴建生，王智. 干旱区内陆河流域地貌单元特征及地下水储水构造［J］. 水利学报，2006，37（11）：1360－1366.

［53］冈本隆一，桑原启三，首远捷，中村康夫. 地下水库的挡水方法［A］. 赴日本考察地下水库建设技术报告［C］. 济南：山东省水利科学研究院，1989：20－33.

［54］贺亮. 露天采矿的生态影响综合评价与生态环境保护及修复对策研究［D］. 西北大学硕士学位论文，2010，6：1－2.

［55］胡国臣. 地下水硝酸盐氮污染防治研究［J］. 农业环境保护，1999，18（5）：228－230.

［56］胡明忠，汤杰，王小雨. 矿山生态修复与重建存在的问题及对策［J］. 中国环境管理，2003，22（3）：7－9.

［57］胡振琪，毕银丽. 试论复垦的概念及其与生态重建的关系［J］. 煤矿环境保护，2000，14（5）：13－16.

［58］黄宝荣，刘云国，张慧智等. 化学萃取技术在重金属污染土壤修复中应用的研究［J］. 环境工程，2003，21（4）：48－50.

［59］黄铭洪，骆永明. 矿区土地修复与生态恢复［J］. 土壤学报，2003，40（2）：161－169.

［60］黄启飞，高定，丁德蓉等. 垃圾堆肥对铬污染土壤的修复机理研究［J］. 土壤与环境，2001，10（3）：176－180.

［61］李根富. 土地复垦知识［M］. 北京：冶金工业出版社，1991.

［62］李洪远，鞠美庭，生态恢复的原理与实践［M］. 北京：化学工业出版

社，2005：218－226，255－259.

[63] 李顺，史忠诚，赵玉龙. 场地土壤重金属污染及其修复技术研究现状 [J]. 环境研究与监测，2009（3）：43－47.

[64] 李晓晗，朱东良. 三门峡市地下水水质污染评价分析 [J]. 西部探矿工程，2005：195－196.

[65] 李永庚，蒋高明. 矿山废弃地生态重建研究进展 [J]. 生态学报，2004，24（1）：95－100.

[66] 梁刚. 有色金属矿山废水治理与资源化技术研究方向与应用进展 [J]. 金属矿山，2010（12）：158－161.

[67] 林国庆. 大沽河地下水库水资源可持续利用研究 [D]. 中国海洋大学硕士学位论文，2003.

[68] 林坜. 大区域地下水流模拟研究及 FEFLOW 的建模方法——以华北平原为例 [D]. 中国地质大学（北京）硕士学位论文，2006.

[69] 林琳，杨金忠，史良胜等. 区域饱和—非饱和地下水流运动数值模拟 [J]. 武汉大学学报（工学版），2005，38（6）：53－57.

[70] 刘春阳，张宇峰，崔志强. 土壤中重金属污染修复的研究进展 [J]. 江苏环境科技，2005（18）：139－141.

[71] 刘继朝，杨齐青，李永刚. 华北平原地下水资源空间信息系统的构建 [J]. 地下水，2005，27（4）：296－298.

[72] 刘明柱，陈艳丽，胡丽琴等. 地下水资源评价模型与 GIS 的集成及其应用研究 [J]. 地学前沿，2005：127－131.

[73] 刘云国，黄宝荣，练湘津等. 重金属污染土壤化学萃取修复技术影响因素分析 [J]. 湖南大学学报（自然科学版），2005，32（1）：95－98.

[74] 罗伯特·P. 阿姆布罗格. 控制水循环的地下水库 [J]. 地下水，1995，17（3）：132－135.

[75] 罗毅. 分布式生态水文学模型研究取得重大进展：SWATMOD. 2K4 [J]. 中国西部环境和生态科学简报，2004，1（6）：2－8.

[76] 马会强，张兰英，李爽，刘鹏，邓海静. 柴油污染地下水修复生物反应墙中功能微生物数量及群落多样性 [J]. 吉林大学学报（地球科学版），2011（5），41（3）：820－824.

[77] 潘国营，韩怀彦，王永安等. 应用 SPSS 统计软件和污染指数评价地下水污染 [J]. 焦作工学院学报（自然科学版），2002，21（2）：172－174.

［78］彭秀丽，陈柏福，李夕兵．试析矿区生态经济系统的动态演化机制［J］.中国科技论坛，2009（4）：97－102.

［79］芮孝芳，刘方贵，邢贞相等．水文学的发展及其所面临的若干前沿科学问题［J］.水利水电科技进展，2007（2）：75－79.

［80］石玉波，朱党生．地表地下水联合管理模型及优化方法研究综述［J］.水利水电科技进展，1995，14（5）：16－21.

［81］孙飞云，杨成永，杨亚静．开发建设项目土壤侵蚀成因和特点分析［J］.人民长江，2005，36（10）：61－62.

［82］唐世荣编著．污染环境植物修复的原理与方法［M］.北京：科学出版社，2006.

［83］田卫东．重金属污染土壤的生态修复原理［J］.资源与环境，2008，4：100－101.

［84］王大纯，张人权，史毅虹．水文地质学基础［M］.北京：地质出版社，1998.

［85］王恩志，钟建文，刘晓丽.B露天矿抽水蓄能电站方案建议书［R］.2011.5，1－2.

［86］王金生，翟远征，滕彦国，左锐．试论地下水更新能力与再生能力［J］.北京师范大学学报（自然科学版），2011（4），47（2）：213－216.

［87］王霖琳，胡振琪，赵艳玲等．中国煤矿区生态修复规划的方法与实例［J］.金属矿山，2007（5）：17－20.

［88］王文科，李俊亭．承压稳定井流的有限分析方程［J］.西安工程学院学报，1994，16（3）：68－73.

［89］王文科，李俊亭等．承压含水层中地下水向井非稳定流动的LT有限分析法［J］.西北地质科学，1995，16（2）：65－72.

［90］魏勃，刘康怀，覃羽雯．矿区重金属污染土壤的植物修复［J］.郡丹内蒙古环境保护，2006，18（2）：21－24.

［91］魏加华，王光谦，李慈君等．基于GIS的地下水资源评价［J］.清华大学学报，2003，43（8）：1104－1107.

［92］魏连伟，邵景力，崔亚莉等．模拟退火算法反演水文地质参数算例研究［J］.吉林大学学报（地球科学版），2004，34（4）：612－616.

［93］魏林宏，束龙仓，郝振纯．地下水流数值模拟的研究现状和发展趋势［J］.重庆大学学报（自然科学版），2000，23（增刊）：56－59.

［94］魏树和，周启星．重金属污染土壤植物修复基本原理及强化措施探讨［J］．生态学杂志，2004，23（1）：65－72．

［95］文冬光．用环境同位素论区域地下水资源属性［J］．地球科学（中国地质大学学报），2002，27（2）：141．

［96］武强，徐华．地下水模拟的可视化设计环境［J］．计算机工程，2003，29（6）：69－70．

［97］肖长来．均值化综合污染指数法在前郭灌区地下水水质污染评价中的应用［J］．吉林水利，1996（11）：33－34．

［98］谢春红．用边界元法计算地下水流时"节点多值法"在处理奇点中的应用［J］．岩土工程学报，1987，9（2）：29－38．

［99］徐龙君，袁智．土壤重金属污染及修复技术［J］．环境科学与管理，2006，31（8）：67－69．

［100］薛禹群，吴吉春．地下水数值模拟在我国—回顾与展望［J］．水文地质工程地质，1997（4）：21－24．

［101］薛禹群，谢春红，张志辉等．三维非稳定流含水层储能的数值模拟研究［J］．地质论评，1994，40（1）：74－81．

［102］薛禹群，朱学愚，吴吉春等．地下水动力学［M］．北京：地质出版社，2000．

［103］杨建锋，万书勤，邓伟等．地下水浅埋条件下包气带水和溶质运移数值模拟研究述评［J］．农业工程学报，2005，21（6）：158－165．

［104］杨京平，卢剑波．生态恢复工程技术［M］．北京：化学工业出版社，2002．

［105］杨丽红，王晓蓉．有机配体 EDTA 对土壤中生物可利用性的影响［J］．环境保护，2003（3）：18－19．

［106］杨旭，黄家柱，杨树才等．地理信息系统与地下水资源评价模型集成应用研究［J］．小型微型计算机系统，2005，26（4）：710－715．

［107］叶孟杰．土壤中重金属污染的修复技术［J］．黑龙江环境通报，2006，30（3）：83－84．

［108］余雪．美国矿山环境治理［J］．国土资源，2001（2）：52．

［109］俞佳，戴万宏．土壤重金属污染及其修复研究［J］．环境科技，2008，21（2）：79－81．

［110］张朝阳，唐进宣．改性粘土对水中浮上——分散态油的截流能力实验

[J]. 土壤与环境，1999，8（3）：238-240.

[111] 张耿杰，白中科，乔丽. 平朔矿区生态系统服务功能价值变化研究[J]. 资源与产业，2008，10（6）：8-13.

[112] 张宏仁，李俊亭. 解地下水流的不规则网格有限差方法[A] //. 地下水资源评价理论与方法的研究（中国地质学会首届地下水资源评价学术会议论文选编）[C]. 北京：地质出版社，1982.

[113] 张路锁，孙国强，刘庆礼，孙贵，张纯峰. 回注井与矿井水处理[J]. 中国煤炭地质，2010（11），22（11）：48-51.

[114] 张云，薛禹群. 抽水地面沉降数学模型的研究现状与展望[J]. 中国地质灾害与防治学报，2002，13（2）：1-6.

[115] 赵鹏飞. 矿井水控制、处理、利用、回灌与生态环保五位一体优化结合技术研究[J]. 中国煤炭，2009（11），35（11）：103-105.

[116] 郑燊燊，申哲民，陈学军等. 逼近阳极法电动力学修复重金属污染土壤[J]. 农业环境科学学报，2007，26（1）：240-245.

[117] 郑喜砷，鲁安怀，高翔. 土壤重金属污染现状与防治方法[J]. 土壤与环境，2002，11（1）：79-84.

[118] 周德亮，丁继红，马生忠. 基于GIS的地下水模拟可视化系统开发的初步探讨[J]. 吉林大学学报，2002，32（2）：158-161.

[119] 周启星，吴燕玉，熊先哲. 重金属Cd、Zn对水稻的复合污染和生态效应[J]. 应用生态学报，1994，5（4）：438-441.

[120] 朱良生. 近岸二维海流数值计算方法若干问题的研究和应用[J]. 热带海洋，1995，14（1）：30-37.

[121] 朱思远，田军仓，李全东. 地下水库的研究现状和发展趋势[J]. 节水灌溉，2008，（4）：23-27.

中华人民共和国环境保护行业标准

地下水环境监测技术规范　　　　　HJ/T

Technical specifications for environmental
Monitoring of groundwater

1　总则

1.1　适用范围

本规范适用于地下水的环境监测，包括向国家直接报送监测数据的国控监测井，省（自治区、直辖市）级、市（地）级、县级控制监测井的背景值监测和污染控制监测。

本规范不适用于地下热水、矿水、盐水和卤水。

1.2　引用标准

以下标准和规范所含条文，在本规范中被引用即构成本规范的条文，与本规范同效。

GB6816　水质　词汇　第一部分和第二部分

GB12997　水质　采样方案设计技术规定

GB12998　水质　采样技术指导

GB12999　水质采样　样品的保存和管理技术规定

GB8170　数值修约规则

GB5084　农田灌溉水质标准

GB/T 14848　地下水质量标准

卫生部　卫法监发〔2001〕161号文，生活饮用水卫生规范。

当上述标准和规范被修订时，应适用其最新版本。

1.3　术语

1.3.1

地下水　groundwater

狭义指埋藏于地面以下岩土孔隙、裂隙、溶隙饱和层中的重力水，广义指地表以下各种形式的水。

1.3.2

重力水　gravity water

岩土中在重力作用下能自由运动的地下水。

1.3.3

含水层　aquifer

能够贮存、渗透的饱水岩土层。

1.3.4

隔水层　confining bed

结构致密、透水性极弱的导水速率不足以对井或泉提供明显水量的岩土层。

1.3.5

包气带　aeration zone

地面以下潜水面以上与大气相通的地带。

1.3.6

上层滞水　perched water

包气带中局部隔水层上所积聚的具有自由水面的重力水。

1.3.7

潜水　hpreatic water

地表以下、第一个稳定隔水层以上具有自由水面的地下水。

1.3.8

承压水　confined water

充满于上、下两个相对隔水层之间的含水层，对顶板产生静水压力的地下水。

1.3.9

含水介质　water – bearing medium

赋存地下水且水流在其中运动的岩土物质。

1.3.10

孔隙水　pore water

存在于岩土体孔隙中的重力水。

1.3.11

裂隙水　fissure water

贮存于岩体裂隙中的重力水。

1.3.12

岩溶水　karst water

贮存于可溶性岩层溶隙（穴）中的重力水。

1.3.13

泉　spring

地下水的天然露头。

1.3.14

矿泉　mineral spring

含有一定数量矿物质和气体，有时水温超过20℃的泉。

1.3.15

水文地质条件　hydrogeological condition

地下水埋藏、分布、补给、径流和排泄条件，水质和水量及其形成地质条件等的总称。

1.3.16

水文地质单元　hydrogeologic unit

具有统一补给边界和补给、径流、排泄条件的地下水系统。

1.3.17

地下水埋深（地下水埋藏深度）　buried depth groundwater table

从地表面至地下水潜水面或承压水面的垂直深度。

1.3.18

水位　stage

自由水面相对于某一基面的高程。

1.3.19

静水位（天然水位）　static water level（Natural water level）

抽水前井孔中的稳定地下水位。

1.3.20

动水位　dynamic water level

抽水试验过程中井孔内某一时刻的水位。

1.3.21

水深　depth

水体的自由水面到其床面的竖直距离。

1.3.22

地下热水　geothermal water

温度显著高于当地平均气温，或高于观测深度内围岩温度的地下水。

1. 3. 23

地下盐水　salt groundwater

总矿化度在 10～50g/L 之间的地下水。

1. 3. 24

地下卤水　underground brine

总矿化度大于50g/L 的地下水。

1. 3. 25

矿水　mineral water

含有某些特殊组分或气体，或者有较高温度、具有医疗作用的地下水。

1. 3. 26

地下水位下降漏斗区　region of groundwater depression cone

开采某一含水层，当开采量持续大于补给量时，形成地下水面向下凹陷、形似漏斗状的水位下降区。

1. 3. 27

地下水污染　groundwater pollution

污染物沿包气带竖向入渗，并随地下水流扩散和输移导致地下水体污染的现象。

1. 3. 28

自净　self – purification

水体依靠自身能力，在物理、化学或生物方面的作用下使水体中污染物无害化或污染物浓度下降的过程。

1. 3. 29

地下水水质监测　monitoring of groundwater quality

为了掌握地下水环境质量状况和地下水体中污染物的动态变化，对地下水的各种特性指标取样、测定，并进行记录或发生讯号的程序化过程。

1. 3. 30

水样　water sample

为检验各种水质指标，连续地或不连续地从特定的水体中取出尽可能有代表性的一部分水。

1. 3. 31

采样　sampling

为检验各种规定的水质特性，从水体中采集具有代表性水样的过程。

1.3.32

瞬时水样　snap sample

从水体中不连续地随机（就时间和地点而言）采集的单一样品。

1.3.33

自动采样　automatic sampling

采样过程中不需人干预，通过仪器设备按预先编定的程序进行连续或不连续的采样。

2　地下水监测点网设计

2.1　监测点网布设原则

2.1.1　在总体和宏观上应能控制不同的水文地质单元，须能反映所在区域地下水系的环境质量状况和地下水质量空间变化；

2.1.2　监测重点为供水目的的含水层；

2.1.3　监控地下水重点污染区及可能产生污染的地区，监视污染源对地下水的污染程度及动态变化，以反映所在区域地下水的污染特征；

2.1.4　能反映地下水补给源和地下水与地表水的水力联系；

2.1.5　监控地下水水位下降的漏斗区、地面沉降以及本区域的特殊水文地质问题；

2.1.6　考虑工业建设项目、矿山开发、水利工程、石油开发及农业活动等对地下水的影响；

2.1.7　监测点网布设密度的原则为主要供水区密，一般地区稀；城区密，农村稀；地下水污染严重地区密，非污染区稀。尽可能以最少的监测点获取足够的有代表性的环境信息；

2.1.8　考虑监测结果的代表性和实际采样的可行性、方便性，尽可能从经常使用的民井、生产井以及泉水中选择布设监测点；

2.1.9　监测点网不要轻易变动，尽量保持单井地下水监测工作的连续性。

2.2　监测点网布设要求

2.2.1　在布设监测点网前，应收集当地有关水文、地质资料，包括：

2.2.1.1　地质图、剖面图、现有水井的有关参数（井位、钻井日期、井深、成井方法、含水层位置、抽水试验数据、钻探单位、使用价值、水质资料等）；

2.2.1.2　作为当地地下水补给水源的江、河、湖、海的地理分布及其水文特征（水位、水深、流速、流量），水利工程设施，地表水的利用情况及其水质状况；

2.2.1.3 含水层分布，地下水补给、径流和排泄方向，地下水质类型和地下水资源开发利用情况；

2.2.1.4 对泉水出露位置，了解泉的成因类型、补给来源、流量、水温、水质和利用情况；

2.2.1.5 区域规划与发展、城镇与工业区分布、资源开发和土地利用情况，化肥农药施用情况，水污染源及污水排放特征。

2.2.2 国控地下水监测点网密度一般不少于每 $100km^2$ 0.1 眼井，每个县至少应有 $1\sim2$ 眼井，平原（含盆地）地区一般为每 $100km^2$ 0.2 眼井，重要水源地或污染严重地区适当加密，沙漠区、山丘区、岩溶山区等可根据需要，选择典型代表区布设监测点。省控、市控地下水监测点网密度可根据 2.1 和 2.2.3 的要求自定。

2.2.3 在下列地区应布设监测点（监测井）：

2.2.3.1 以地下水为主要供水水源的地区；

2.2.3.2 饮水型地方病（如高氟病）高发地区；

2.2.3.3 对区域地下水构成影响较大的地区，如污水灌溉区、垃圾堆积处理场地区、地下水回灌区及大型矿山排水地区等。

2.3 监测点（监测井）设置方法

2.3.1 背景值监测井的布设

为了解地下水体未受人为影响条件下的水质状况，需在研究区域的非污染地段设置地下水背景值监测井（对照井）。

根据区域水文地质单元状况和地下水主要补给来源，在污染区外围地下水水流上方垂直水流方向，设置一个或数个背景值监测井。背景值监测井应尽量远离城市居民区、工业区、农药化肥施放区、农灌区及交通要道。

2.3.2 污染控制监测井的布设

污染源的分布和污染物在地下水中扩散形式是布设污染控制监测井的首要考虑因素。各地可根据当地地下水流向、污染源分布状况和污染物在地下水中扩散形式，采取点面结合的方法布设污染控制监测井，监测重点是供水水源地保护区。

2.3.2.1 渗坑、渗井和固体废物堆放区的污染物在含水层渗透性较大的地区以条带状污染扩散，监测井应沿地下水流向布设，以平行及垂直的监测线进行控制。

2.3.2.2 渗坑、渗井和固体废物堆放区的污染物在含水层渗透性小的地区以点状污染扩散，可在污染源附近按十字形布设监测线进行控制。

2.3.2.3 当工业废水、生活污水等污染物沿河渠排放或渗漏以带状污染扩散时，应根据河渠的状态、地下水流向和所处的地质条件，采用网格布点法设垂直于河渠的监测线。

2.3.2.4 污灌区和缺乏卫生设施的居民区生活污水易对周围环境造成大面积垂直的块状污染，应以平行和垂直于地下水流向的方式布设监测点。

2.3.2.5 地下水位下降的漏斗区，主要形成开采漏斗附近的侧向污染扩散，应在漏斗中心布设监控测点，必要时可穿过漏斗中心按十字形或放射状向外围布设监测线。

2.3.2.6 透水性好的强扩散区或年限已久的老污染源，污染范围可能较大，监测线可适当延长；反之，可只在污染源附近布点。

2.3.3 区域内的代表性泉、自流井、地下长河出口应布设监测点。

2.3.4 为了解地下水与地表水体之间的补（给）排（泄）关系，可根据地下水流向在已设置地表水监测断面的地表水体设置垂直于岸边线的地下水监测线。

2.3.5 选定的监测点（井）应经环境保护行政主管部门审查确认。一经确认不准任意变动。确需变动时，需征得环境保护行政主管部门同意，并重新进行审查确认。

2.4　监测井的建设与管理

2.4.1 应选用取水层与监测目的层相一致且是常年使用的民井、生产井为监测井。监测井一般不专门钻凿，只在无合适民井、生产井可利用的重污染区才设置专门的监测井。

2.4.2　监测井应符合以下要求

2.4.2.1 监测井井管应由坚固、耐腐蚀、对地下水水质无污染的材料制成。

2.4.2.2 监测井的深度应根据监测目的、所处含水层类型及其埋深和厚度来确定，尽可能超过已知最大地下水埋深以下 2m。

2.4.2.3 监测井顶角斜度每百米井深不得超过 2°。

2.4.2.4 监测井井管内径不宜小于 0.1m。

2.4.2.5 滤水段透水性能良好，向井内注入灌水段 1m 井管容积的水量，水位复原时间不超过 10min，滤水材料应对地下水水质无污染。

2.4.2.6 监测井目的层与其他含水层之间止水良好，承压水监测井应分层止水，潜水监测井不得穿透潜水含水层下的隔水层的底板。

2.4.2.7 新凿监测井的终孔直径不宜小于 0.25m，设计动水位以下的含水层段应安装滤水管，反滤层厚度不小于0.05m，成井后应进行抽水洗井。

2.4.2.8 监测井应设明显标识牌，井（孔）口应高出地面0.5～1.0m，井（孔）口安装盖（保护帽），孔口地面应采取防渗措施，井周围应有防护栏。监测水量监测井（或自流井）尽可能安装水量计量装置，泉水出口处设置测流装置。

2.4.3 水位监测井不得靠近地表水体，且必须修筑井台，井台应高出地面0.5m以上，用砖石浆砌，并用水泥沙浆护面。人工监测水位的监测井应加设井盖，井口必须设置固定点标志。

2.4.4 在水位监测井附近选择适当建筑物建立水准标志。用以校核井口固定点高程。

2.4.5 监测井应有较完整的地层岩性和井管结构资料，能满足进行常年连续各项监测工作的要求。

2.4.6 监测井的维护管理。

2.4.6.1 应指派专人对监测井的设施进行经常性维护，设施一经损坏，必须及时修复。

2.4.6.2 每两年测量监测井井深，当监测井内淤积物淤没滤水管或井内水深小于1m时，应及时清淤或换井。

2.4.6.3 每5年对监测井进行一次透水灵敏度试验，当向井内注入灌水段1m井管容积的水量，水位复原时间超过15min时，应进行洗井。

2.4.6.4 井口固定点标志和孔口保护帽等发生移位或损坏时，必须及时修复。

2.4.6.5 对每个监测井建立《基本情况表》（见表1），监测井的撤销、变更情况应记入原监测井的《基本情况表》内，新换监测井应重新建立《基本情况表》。

表1 地下水监测井基本情况

监测井编号		位置	＿＿＿市（县）＿＿＿区（乡、镇）＿＿＿街（村）＿＿＿号＿＿＿方向距离＿＿＿m
监测井名称			东经＿＿＿°＿＿＿′＿＿＿″，北纬＿＿＿°
监测井类型			＿＿＿′＿＿＿″

成井单位		成井日期		建立资料日期	
井深（m）		井径（mm）		井口标高（m）	
静水位标高（m）		流域（水系）		地面高程（m）	

地下水类型			地层结构				监测井地理位置图	监测井撤销、变更说明
埋藏条件	含水介质类型	使用功能	深度（m）	厚度（m）	地层结构	岩性描述		
								年　　月　　日

注："埋藏条件"按滞水、潜水、承压水填写，"含水介质类型"按孔隙水、裂隙水、岩溶水填写。

3　地下水样品的采集和现场监测

3.1　采样频次和采样时间

3.1.1　确定采样频次和采样时间的原则

3.1.1.1　依据不同的水文地质条件和地下水监测井使用功能，结合当地污染源、污染物排放实际情况，力求以最低的采样频次，取得最有时间代表性的样品，达到全面反映区域地下水质状况、污染原因和规律的目的。

3.1.1.2　为反映地表水与地下水的水力联系，地下水采样频次与时间尽可能与地表水相一致。

3.1.2　采样频次和采样时间

3.1.2.1　背景值监测井和区域性控制的孔隙承压水井每年枯水期采样一次。

3.1.2.2　污染控制监测井逢单月采样一次，全年六次。

3.1.2.3　作为生活饮用水集中供水的地下水监测井，每月采样一次。

3.1.2.4　污染控制监测井的某一监测项目如果连续2年均低于控制标准值的1/5，且在监测井附近确实无新增污染源，而现有污染源排污量未增的情况下，该项目可每年在枯水期采样一次进行监测。一旦监测结果大于控制标准值的1/5，或在监测井附近有新的污染源或现有污染源新增排污量时，即恢复正常采样频次。

3.1.2.5　同一水文地质单元的监测井采样时间尽量相对集中，日期跨度不宜过大。

3.1.2.6 遇到特殊的情况或发生污染事故，可能影响地下水水质时，应随时增加采样频次。

3.2 采样技术

3.2.1 采样前的准备

3.2.1.1 确定采样负责人

采样负责人负责制订采样计划并组织实施。采样负责人应了解监测任务的目的和要求，并了解采样监测井周围的情况，熟悉地下水采样方法、采样容器的洗涤和样品保存技术。当有现场监测项目和任务时，还应了解有关现场监测技术。

3.2.1.2 制订采样计划

采样计划应包括：采样目的、监测井位、监测项目、采样数量、采样时间和路线、采样人员及分工、采样质量保证措施、采样器材和交通工具、需要现场监测的项目、安全保证等。

3.2.1.3 采样器材与现场监测仪器的准备

采样器材主要是指采样器和水样容器。

（1）采样器

地下水水质采样器分为自动式和人工式两类，自动式用电动泵进行采样，人工式可分活塞式与隔膜式，可按要求选用。

地下水水质采样器应能在监测井中准确定位，并能取到足够量的代表性水样。

采样器的材质和结构应符合《水质采样器技术要求》中的规定。

（2）水样容器的选择及清洗

水样容器的选择原则包括：

a. 容器不能引起新的沾污；

b. 容器壁不应吸收或吸附某些待测组分；

c. 容器不应与待测组分发生反应；

d. 能严密封口，且易于开启；

e. 容易清洗，并可反复使用。

水样容器选择、洗涤方法和水样保存方法见附录 A。表中所列洗涤方法指对在用容器的一般洗涤方法。如新启用容器，则应作更充分的清洗，水样容器应做到定点、定项。

（3）现场监测仪器

对水位、水量、水温、pH、电导率、浑浊度、色、臭和味等现场监测项目，应在实验室内准备好所需的仪器设备，安全运输到现场，使用前进行检查，确保性能正常。

3.2.2 采样方法

3.2.2.1 地下水水质监测通常采集瞬时水样。

3.2.2.2 对需测水位的井水，在采样前应先测地下水位。

3.2.2.3 从井中采集水样，必须在充分抽汲后进行，抽汲水量不得少于井内水体积的2倍，采样深度应在地下水水面0.5m以下，以保证水样能代表地下水水质。

3.2.2.4 对封闭的生产井可在抽水时从泵房出水管放水阀处采样，采样前应将抽水管中存水放净。

3.2.2.5 对于自喷的泉水，可在涌口处出水水流的中心采样。采集不自喷泉水时，将停滞在抽水管的水汲出，新水更替之后，再进行采样。

3.2.2.6 采样前，除五日生化需氧量、有机物和细菌类监测项目外，先用采样水荡洗采样器和水样容器2～3次。

3.2.2.7 测定溶解氧、五日生化需氧量和挥发性、半挥发性有机污染物项目的水样，采样时水样必须注满容器，上部不留空隙。但对准备冷冻保存的样品则不能注满容器，否则冷冻之后，因水样体积膨胀使容器破裂。测定溶解氧的水样采集后应在现场固定，盖好瓶塞后需用水封口。

3.2.2.8 测定五日生化需氧量、硫化物、石油类、重金属、细菌类、放射性等项目的水样应分别单独采样。

3.2.2.9 各监测项目所需水样采集量见附录A，附录A中采样量已考虑重复分析和质量控制的需要，并留有余地。

3.2.2.10 在水样采入或装入容器后，立即按附录A的要求加入保存剂。

3.2.2.11 采集水样后，立即将水样容器瓶盖紧、密封，贴好标签，标签设计可以根据各站具体情况，一般应包括监测井号、采样日期和时间、监测项目、采样人等。

3.2.2.12 用墨水笔在现场填写《地下水采样记录表》，字迹应端正、清晰，各栏内容填写齐全。

3.2.2.13 采样结束前，应核对采样计划、采样记录与水样，如有错误或漏采，应立即重采或补采。

3.2.3 采样记录

地下水采样记录包括采样现场描述和现场测定项目记录两部分，各省可按表2

表2 地下水采样记录

监测站名_____

监测井编号	监测井名称	采样日期			采样时间	采样方法	采样深度(m)	气温(℃)	天气状况	现场测定记录									样品性状	样品瓶数量
		年	月	日						水位(m)	水量(m³/s)	水温(℃)	色	嗅和味	浑浊度	肉眼可见物	pH	电导率(μs/cm)		

固定剂加入情况_____

备注

采样人员_____　记录人员_____

的格式设计全省统一的采样记录表。每个采样人员应认真填写《地下水采样记录表》。

3.3 地下水采样质量保证

3.3.1 采样人员必须通过岗前培训、持证上岗，切实掌握地下水采样技术，熟知采样器具的使用和样品固定、保存、运输条件。

3.3.2 采样过程中采样人员不应有影响采样质量的行为，如使用化妆品，在采样时、样品分装时及样品密封现场吸烟等。汽车应停放在监测点（井）下风向50m 以外处。

3.3.3 每批水样，应选择部分监测项目加采现场平行样和现场空白样，与样品一起送实验室分析。

3.3.4 每次测试结束后，除必要的留存样外，样品容器应及时清洗。

3.3.5 各监测站应配置水质采样准备间，地下水水样容器和污染源水样容器应分架存放，不得混用。地下水水样容器应按监测井号和测定项目，分类编号、固定专用。

3.3.6 同一监测点（井）应有两人以上进行采样，注意采样安全，采样过程要相互监护，防止中毒及掉入井中等意外事故的发生。

3.4 地下水现场监测

凡能在现场测定的项目，均应在现场测定。

3.4.1 现场监测项目

包括水位、水量、水温、pH、电导率、浑浊度、色、嗅和味、肉眼可见物等指标，同时还应测定气温、描述天气状况和近期降水情况。

3.4.2 现场监测方法

3.4.2.1 水位

（1）地下水水位监测是测量静水位埋藏深度和高程。水位监测井的起测处（井口固定点）和附近地面必须测定高度。可按 SL58—93《水文普通测量规范》执行，按五等水准测量标准接测。

（2）水位监测每年 2 次，丰水期、枯水期各 1 次。

（3）与地下水有水力联系的地表水体的水位监测，应与地下水水位监测同步进行。

（4）同一水文地质单元的水位监测井，监测日期及时间尽可能一致。

（5）有条件的地区，可采用自记水位仪、电测水位仪或地下水多参数自动监测仪进行水位监测。

（6）手工法测水位时，用布卷尺、钢卷尺、测绳等测具测量井口固定点至地下水水面竖直距离两次，当连续两次静水位测量数值之差不大于±1cm/10m时，将两次测量数值及其均值记入表2《地下水采样记录表》内。

（7）水位监测结果以 m 为单位，记至小数点后两位。

（8）每次测水位时，应记录监测井是否曾抽过水，以及是否受到附近的井的抽水影响。

3.4.2.2 水量

（1）生产井水量监测可采用水表法或流量计法。

（2）自流水井和泉水水量监测可采用堰测法或流速仪法。

（3）当采用堰测法或孔板流量计进行水量监测时，固定标尺读数应精确到 mm。

（4）水量监测结果（m^3/s）记至小数点后两位。

3.4.2.3 水温

（1）对下列地区应进行地下水温度监测

a. 地表水与地下水联系密切地区；

b. 进行回灌地区；

c. 具有热污染及热异常地区。

（2）有条件的地区，可采用自动测温仪测量水温，自动测温仪探头位置应放在最低水位以下 3m 处。

（3）手工法测水温时，深水水温用电阻温度计或颠倒温度计测量，水温计应放置在地下水面以下 1m 处（对泉水、自流井或正在开采的生产井可将水温计放置在出水水流中心处，并全部浸入水中），静置 10min 后读数。

（4）连续监测两次，连续两次测值之差不大于 0.4℃ 时，将两次测量数值及其均值记入表2《地下水采样记录表》内。

（5）同一监测点应采用同一个温度计进行测量。

（6）水温监测每年 1 次，可与枯水期水位监测同步进行。

（7）监测水温的同时应监测气温。

（8）水温监测结果（℃）记至小数点后一位。

3.4.2.4 pH

用测量精度高于 0.1 的 pH 计测定。测定前按说明书要求认真冲洗电极并用两种标准溶液校准 pH 计。

3.4.2.5 电导率

用误差不超过 1% 的电导率仪测定，报出校准到 25℃ 时的电导率。

3.4.2.6　浑浊度

用目视比浊法或浊度计法测量。

3.4.2.7　色

（1）黄色色调地下水色度采用铂—钴标准比色法监测。

（2）非黄色色调地下水，可用相同的比色管，分取等体积的水样和去离子水比较，进行文字定性描述。

3.4.2.8　嗅和味

测试人员应不吸烟，未食刺激性食物，无感冒、鼻塞症状。

（1）原水样的嗅和味。取100ml水样置于250ml锥形瓶内，振摇后从瓶口嗅水的气味，用适当词语描述，并按六级记录其强度，见表3。

与此同时，取少量水样放入口中（此水样应对人体无害），不要咽下去，品尝水的味道，加以描述，并按六级记录强度等级，见表3。

（2）原水煮沸后的嗅和味。将上述锥形瓶内水样加热至开始沸腾，立即取下锥形瓶，稍冷后按（1）法嗅气和尝味，用适当的词句加以描述，并按六级记录其强度，如表3所示。

表3　嗅和味的强度等级

等级	强度	说　明
0	无	无任何嗅和味
1	微弱	一般饮用者甚难察觉，但嗅、味敏感者可以发觉
2	弱	一般饮用者刚能察觉
3	明显	已能明显察觉
4	强	已有很显著的嗅和味
5	很强	有强烈的恶臭或异味

注：有时可用活性炭处理过的纯水作为无嗅对照水。

3.4.2.9　肉眼可见物

将水样摇匀，在光线明亮处迎光直接观察，记录所观察到的肉眼可见物。

3.4.2.10　气温

可用水银温度计或轻便式气象参数测定仪测量采样现场的气温。

3.4.3　现场监测仪器设备的校准

3.4.3.1　自记水位仪和电测水位仪应每季校准一次，地下水多参数自动监测仪每月校准一次，以及时消除系统误差。

3.4.3.2 布卷尺、钢卷尺、测绳等水位测具每半年检定一次（检定量具为50m或100m的钢卷尺），其精度必须符合国家计量检定规程允许的误差规定。

3.4.3.3 水表、堰槽、流速仪、流量计等计量水量的仪器每年检定一次。

3.4.3.4 水温计、气温计最小分度值应不大于0.2℃，最大误差不超过±0.2℃，每年检定一次。

3.4.3.5 pH计、电导率仪、浊度计和轻便式气象参数测定仪应每年检定一次。

3.4.3.6 目视比浊法和目视比色法所用的比色管应成套。

4 样品管理

4.1 样品运输

4.1.1 不得将现场测定后的剩余水样作为实验室分析样品送往实验室。

4.1.2 水样装箱前应将水样容器内外盖盖紧，对装有水样的玻璃磨口瓶应用聚乙烯薄膜覆盖瓶口并用细绳将瓶塞与瓶颈系紧。

4.1.3 同一采样点的样品瓶尽量装在同一箱内，与采样记录逐件核对，检查所采水样是否已全部装箱。

4.1.4 装箱时应用泡沫塑料或波纹纸板垫底和间隔防震。有盖的样品箱应有"切勿倒置"等明显标志。

4.1.5 样品运输过程中应避免日光照射，气温异常偏高或偏低时还应采取适当保温措施。

4.1.6 运输时应有押运人员，防止样品损坏或受沾污。

4.2 样品交接

样品送达实验室后，由样品管理员接收。

4.2.1 样品管理员对样品进行符合性检查，包括：

4.2.1.1 样品包装、标志及外观是否完好。

4.2.1.2 对照采样记录单检查样品名称、采样地点、样品数量、形态等是否一致，核对保存剂加入情况。

4.2.1.3 样品是否有损坏、污染。

4.2.2 当样品有异常，或对样品是否适合监测有疑问时，样品管理员应及时向送样人员或采样人员询问，样品管理员应记录有关说明及处理意见。

4.2.3 样品管理员确定样品唯一性编号，将样品唯一性标识固定在样品容器上，进行样品登记，并由送样人员签字，见表4。

表4　样品登记

监测站名_____

送样日期	送样时间	监测点(井)名　称	样品编号	监测项目	样品数量	样品性状	采样日期	送样人员	监测后样品处理情况

送样单位_____　　　　　　　　　接样人员_____

4.2.4　样品管理员进行样品符合性检查、标识和登记后，应尽快通知实验室分析人员领样。

4.3　样品标识

4.3.1　样品唯一性标识由样品唯一性编号和样品测试状态标识组成。各监测站可根据具体情况确定唯一性编号方法。唯一性编号中应包括样品类别、采样日期、监测井编号、样品序号、监测项目等信息。

样品测试状态标识分"未测""在测""测毕"3种，可分别以"▢""▨""▧"表示。样品初始测试状态"未测"标识由样品管理员标识。

4.3.2　样品唯一性标识应明示在样品容器较醒目且不影响正常监测的位置。

4.3.3　在实验室测试过程中由测试人员及时做好分样、移样的样品标识转移，并根据测试状态及时做好相应的标记。

4.3.4　样品流转过程中，除样品唯一性标识需转移和样品测试状态需标识外，任何人、任何时候都不得随意更改样品唯一性编号。分析原始记录应记录样品唯一性编号。

4.4　样品贮存

4.4.1　每个监测站应设样品贮存间，用于进站后测试前及留样样品的存放，两者需分区设置，以免混淆。

4.4.2　样品贮存间应置冷藏柜，以贮存对保存温度条件有要求的样品。必要时，样品贮存间应配置空调。

4.4.3 样品贮存间应有防水、防盗和保密措施，以保证样品的安全。

4.4.4 样品管理员负责保持样品贮存间清洁、通风、无腐蚀的环境，并对贮存环境条件加以维持和监控。

4.4.5 地下水样品变化快、时效性强，监测后的样品均留样保存意义不大，但对于测试结果异常样品、应急监测和仲裁监测样品，应按样品保存条件要求保留适当时间。留样样品应有留样标识。

5 监测项目和分析方法

5.1 监测项目

5.1.1 监测项目确定原则

5.1.1.1 选择 GB/T 14848《地下水质量标准》中要求控制的监测项目，以满足地下水质量评价和保护的要求。

5.1.1.2 根据本地区地下水功能用途，酌情增加某些选测项目。

5.1.1.3 根据本地区污染源特征，选择国家水污染物排放标准中要求控制的监测项目，以反映本地区地下水主要水质污染状况。

5.1.1.4 矿区或地球化学高背景区和饮水型地方病流行区，应增加反映地下水特种化学组分天然背景含量的监测项目。

5.1.1.5 所选监测项目应有国家或行业标准分析方法、行业性监测技术规范、行业统一分析方法。

5.1.1.6 随着本地区经济发展、监测条件的改善及技术水平的提高，可酌情增加某些监测项目。

5.1.2 监测项目

5.1.2.1 常规监测项目

常规监测项目见表5。

表5 地下水常规监测项目

必测项目	选测项目
pH、总硬度、溶解性总固体、氨氮、硝酸盐氮、亚硝酸盐氮、挥发性酚、总氰化物、高锰酸盐指数、氟化物、砷、汞、镉、六价铬、铁、锰、大肠菌群	色、嗅和味、浑浊度、氯化物、硫酸盐、碳酸氢盐、石油类、细菌总数、硒、铍、钡、镍、六六六、滴滴涕、总 α 放射性、总 β 放射性、铅、铜、锌、阴离子表面活性剂

5.1.2.2　特殊项目选测

（1）生活饮用水

可根据 GB 5749《生活饮用水卫生标准》和卫生部《生活饮用水水质卫生规范》（2001 年）中规定的项目选取。

（2）工业用水

工业上用作冷却、冲洗和锅炉用水的地下水，可增测侵蚀性二氧化碳、磷酸盐、硅酸盐等项目。

（3）城郊、农村地下水

考虑施用化肥和农药的影响，可增加有机磷、有机氯农药及凯氏氮等项目。

当地下水用作农田灌溉时，可按 GB 5084《农田灌溉水质标准》中规定，选取全盐量等项目。

（4）北方盐碱区和沿海受潮汐影响的地区

可增加电导率、溴化物和碘化物等监测项目。

（5）矿泉水

应增加水量、硒、锶、偏硅酸等反映矿泉水质量和特征的特种监测项目。

（6）水源性地方病流行地区

应增加地方病成因物质监测项目。如：

a. 在地甲病区，应增测碘化物；

b. 在大骨节病、克山病区，应增测硒、钼等监测项目；

c. 在肝癌、食道癌高发病区，应增测亚硝胺以及其他有关有机物、微量元素和重金属含量。

（7）地下水受污染地区

根据污染物的种类和浓度，适当增加或减少有关监测项目。如：

a. 放射性污染区应增测总 α 放射性及总 β 放射性监测项目；

b. 对有机物污染地区，应根据有关标准增测相关有机污染物监测项目；

c. 对人为排放热量的热污染源影响区域，可增加溶解氧、水温等监测项目。

（8）在区域水位下降漏斗中心地区、重要水源地、缺水地区的易疏干开采地段，应增测水位。

5.2　分析方法

5.2.1　分析方法选择原则

5.2.1.1　优先选用国家或行业标准分析方法。

5.2.1.2　尚无国家行业标准分析方法的监测项目，可选用行业统一分析方法或

行业规范。

5.2.1.3 采用经过验证的 ISO、美国 EPA 和日本 JIS 方法体系等其他等效分析方法，其检出限、准确度和精密度应能达到质控要求。

5.2.1.4 采用经过验证的新方法，其检出限、准确度和精密度不得低于常规分析方法。

5.2.2 分析方法

地下水监测分析方法见附录 B。

6 实验室分析及质量控制

6.1 实验室分析基础条件

6.1.1 监测人员

6.1.1.1 监测人员技术要求

地下水监测人员应具备扎实的环境监测、分析化学基础理论和专业知识；正确熟练地掌握地下水监测操作技术和质量控制程序；熟知有关环境监测管理的法规、标准和规定；学习和了解国内外地下水监测新技术、新方法。

6.1.1.2 监测人员持证上岗制度

凡承担地下水监测工作、报告监测数据者，必须参加持证上岗考核。经考核合格并取得（某项目）合格证者，方能报出（该项目）监测数据。

6.1.2 实验室环境

6.1.2.1 实验室环境条件要求

（1）实验室应保持整洁、安全的操作环境，通风良好、布局合理，相互有干扰的监测项目不在同一实验室内操作，测试区域应与办公场所分离。

（2）监测过程中有废雾、废气产生的实验室和试验装置，应配置合适的排风系统，产生刺激性、腐蚀性、有毒气体的实验操作应在通风柜内进行。

（3）分析天平应设置专室，安装空调、窗帘，南方地区最好配置去湿机，做到避光、防震、防尘、防潮、防腐蚀性气体和避免空气对流，环境条件满足规定要求。

（4）化学试剂贮藏室必须防潮、防火、防爆、防毒、避光和通风，固体试剂和酸类、有机类等液体试剂应隔离存放。

（5）对监测过程中产生的"三废"应妥善处理，确保符合环保、健康、安全的要求。

6.1.2.2 实验室环境条件的监控

（1）监测项目或监测仪器设备对环境条件有具体要求和限制时，应配备对环境条件进行有效监控的设施。

（2）当环境条件可能影响监测结果的准确性和有效性时，必须停止监测。

6.1.3　实验用水

一般分析实验用水电导率应小于 $3.0\mu s/cm$。特殊用水则按有关规定制备，检验合格后使用。应定期清洗盛水容器，防止容器沾污而影响实验用水的质量。

6.1.4　实验器皿

根据监测项目的需要，选用合适材质的器皿，必要时按监测项目固定专用，避免交叉污染。使用后应及时清洗、晾干、防止灰尘玷污。

6.1.5　化学试剂

应采用符合分析方法所规定等级的化学试剂。配制一般试液，应采用不低于分析纯级的试剂。取用试剂时，应遵循"量用为出、只出不进"的原则，取用后及时盖紧试剂瓶盖，分类保存，严格防止试剂被玷污。固体试剂不宜与液体试剂或试液混合贮存。经常检查试剂质量，一经发现变质、失效，应及时废弃。

6.2　监测仪器

6.2.1　根据监测项目和工作量的要求，合理配备地下水采样、现场监测、实验室测试，数据处理和维持环境条件所要求的所有仪器设备。

6.2.2　用于采样、现场监测、实验室测试的仪器设备及其软件应能达到所需的准确度，并符合相应监测方法标准或技术规范的要求。

6.2.3　仪器设备在投入使用前（服役前）应经过检定/校准/检查，以证实能满足监测方法标准或技术规范的要求。仪器设备在每次使用前应进行检查或校准。

6.2.4　对在用仪器设备进行经常性维护，确保功能正常。

6.2.5　对监测结果的准确度和有效性有影响的测量仪器，在两次检定之间应定期用核查标准（等精度标准器）进行期间核查。

6.3　试剂的配制和标准溶液的标定

6.3.1　根据使用情况适量配制试液。选用合适材质和容积的试剂瓶盛装，注意瓶塞的密合性。

6.3.2　用工作基准试剂直接配制标准溶液时，所用溶剂应为 GB 6682—1992《分析实验室用水规格和试验方法》规定的二级以上纯水或优级纯（不得低于分析纯）溶剂。称样量不应小于0.1克，用检定合格的容量瓶定容。

6.3.3　用工作基准试剂标定标准滴定溶液的浓度时，须两人进行实验，分别各做四平行，取两人八平行测定结果的平均值为标准滴定溶液的浓度。其扩展不确定度一般不应大于0.2%。

6.3.4 试剂瓶上应贴有标签，标明试剂名称、浓度、配制日期和配制人。需避光试剂应用棕色试剂瓶盛装并避光保存。试剂瓶中试液一经倒出，不得返回。保存于冰箱内的试液，取用时应将试剂瓶置于室温使其温度与室温平衡后再量取。

6.4 原始记录

6.4.1 实验室分析原始记录包括分析试剂配制记录、标准溶液配制及标定记录、校准曲线记录、各监测项目分析测试原始记录、内部质量控制记录等。地下水监测项目较多，分析方法各异，测试仪器亦各不相同，各地可根据需要自行设计各类实验室分析原始记录表式。

6.4.2 分析原始记录应包含足够的信息，以便在可能情况下找出影响不确定度的因素，并使实验室分析工作在最接近原来条件下能够复现。记录信息包括样品名称，样品编号，样品性状，采样时间和地点，分析方法依据，使用仪器名称和型号、编号，测定项目，分析时间，环境条件，标准溶液名称、浓度、配制日期，校准曲线，取样体积，计量单位，仪器信号值，计算公式，测定结果，质控数据，测试分析人员、校对人员签名等。

6.4.3 记录要求

6.4.3.1 记录应使用墨水笔或签字笔填写，要求字迹端正、清晰。

6.4.3.2 应在测试分析过程中及时、真实填写原始记录，不得凭追忆事后补填或抄填。

6.4.3.3 对于记录表式中无内容可填的空白栏，应用"/"标记。

6.4.3.4 原始记录不得涂改。当记录中出现错误时，应在错误的数据上划一横线（不得覆盖原有记录的可见程度），如需改正的记录内容较多，可用框线画出，在框边处添写"作废"两字，并将正确值填写在其上方。所有的改动处应有更改人签名或盖章。

6.4.3.5 对于测试分析过程中的特异情况和有必要说明的问题，应记录在备注栏内或记录表边旁。

6.4.3.6 记录测量数据时，根据计量器具的精度和仪器的刻度，只保留一位可疑数字，测试数据的有效位数和误差表达方式应符合有关误差理论的规定。

6.4.3.7 数值修约按 GB 8170《数字修约规则》执行。

6.4.3.8 应采用法定计量单位，非法定计量单位的记录应转换成法定计量单位的表达，并记录换算公式。

6.4.3.9 测试人员应根据标准方法、规范要求对原始记录作必要的数据处理。在数据处理时，发现异常数据不可轻易剔除，应按数据统计规则进行判断和处理。

6.4.4　异常值的判断和处理

一组监测数据中，个别数据明显偏离其所属样本的其余测定值，即为异常值。对异常值的判断和处理，参照 GB 4883—85《数据的统计处理和解释　正态样本异常值的判断和处理》进行。

6.4.4.1　对同一样品的分析测试结果

（1）监测测试结果方差中异常值用科克伦（Cochran）最大方差检验方法。

（2）实验室内重复或平行测定结果中的异常值用格拉布斯（Grubbs）法或狄克逊（Dixon）法。

（3）检验多个实验室平均值中的异常值用格拉布斯（Grubbs）法。

6.4.4.2　地下水监测中不同的时空分布出现的异常值，应从测点周围当时的具体情况（地质水文因素变化、气象、附近污染源情况等）进行分析，不能简单地用统计检验方法来决定舍取。

6.5　有效数字及近似计算

6.5.1　有效数字用于表示测量数字的有效意义，指测量中实际能测得的数字。由有效数字构成的数值，其倒数第二位以上的数字应是可靠的（确定的），只有末位数字是可疑的（不确定的）。对有效数字的位数不能任意增删。

6.5.2　由有效数字构成的测定值必然是近似值，因此，测定值的运算应按近似计算规则进行。

6.5.3　数字"0"，当它用于指小数点的位置而与测量的准确度无关时，不是有效数字；当它用于表示与测量准确程度有关的数值大小时，即为有效数字。这与"0"在数值中的位置有关。

（1）第一个非零数字前的"0"不是有效数字。

（2）非零数字中的"0"是有效数字。

（3）小数中最后一个非零数字后的"0"是有效数字。

（4）以"0"结尾的整数，往往不易判断此"0"是否为有效数字，可根据测定值的准确程度，以指数形式表达。

6.5.4　一个分析结果的有效数字位数，主要取决于原始数据的正确记录和数值的正确计算。在记录测量值时，要同时考虑到计量器具的精密度和准确度，以及测量仪器本身的读数误差。对检定合格的计量器具，有效位数可以记录到最小分度值，最多保留一位不确定数字（估计值）。

以实验室最常用的计量器具为例：

（1）用万分之一天平（最小分度值为0.1mg）进行称量时，有效数字可以记录到小数点后面第四位，如称取1.2235g，此时有效数字为五位；称取0.9254g，则为四位有效数字。

（2）用玻璃量器量取体积的有效数字位数是根据量器的容量允许差和读数误差来确定的。如单标线A级50ml容量瓶，准确容积为50.00ml；单标线A级10ml移液管，准确容积为10.00ml，有效数字均为四位；用分度移液管或滴定管，其读数的有效数字可达到其最小分度后一位，保留一位不确定数字。

（3）分光光度计最小分度值为0.005，因此，吸光度一般可记到小数点后第三位，且其有效数字位数最多只有三位。

（4）带有计算机处理系统的分析仪器，往往根据计算机自身的设定打印或显示结果，可以有很多位数，但这并不增加仪器的精度和数字的有效位数。

（5）在一系列操作中，使用多种计量仪器时，有效数字以最少的一种计量仪器的位数表示。

6.5.5 表示精密度的有效数字根据分析方法和待测物的浓度不同，一般只取一位有效数字。当测定次数很多时，可取两位有效数字，且最多只取两位有效数字。

6.5.6 分析结果有效数字所能达到的数位不能超过方法检出限的有效数字所能达到的数位。如方法的检出限为0.02mg/L，则分析结果报0.088mg/L就不合理，应报0.09mg/L。

6.5.7 在数值计算中，当有效数字位数确定之后，其余数字应按修约规则一律舍去。

6.5.8 在数值计算中，某些倍数、分数、不连续物理量的数值，以及不经测量而完全根据理论计算或定义得到的数值，其有效数字的位数可视为无限。这类数值在计算中按需要几位就可以写几位。

6.5.9 近似计算规则

（1）加法和减法。几个近似值相加减时，其和或差的有效数字决定于绝对误差最大的数值，即最后结果的有效数字自左起不超过参加计算的近似值中第一个出现的可疑数字。在小数的加减计算中，结果所保留的小数点后的位数与各近似值中小数点后位数最小者相同。在运算过程中，各数值保留的位数可以比小数点后位数最小者多保留一位小数，计算结果则按数值修约规则处理。当两个很接近的近似数值相减时，其差的有效数字位数会有很多损失。因此，如有可能，应把计算程序组织好，尽量避免损失。

（2）乘法和除法。几个近似值相乘除时，所得积与商的有效数字位数决定于相对误差最大的近似值，即最后结果的有效数字位数要与近似值中有效数字位数最少者相同。在运算过程中，可先将各近似值修约至比有效数字位数最小者多保留一位，最后将计算结果按上述规则处理。

（3）乘方和开方。近似值乘方或开方时，原近似值有几位有效数字，计算结果就可以保留几位有效数字。

（4）对数和反对数。在近似值的对数计算中，所取对数的小数点后的位数（不包括首数）应与真数的有效数字位数相同。

（5）求四个或四个以上准确度接近的数值的平均值时，其有效数字位数可增加一位。

6.6　校准曲线的制作

校准曲线是描述待测物质浓度或量与相应测量仪器的响应量或其他指示量之间定量关系的曲线。某方法标准曲线的直线部分所对应的待测物质浓度或量的变化范围，称为该方法的线性范围。

6.6.1　按分析方法步骤，通过校准曲线的制作，确定本实验室条件下的测定上限和下限，使用时，只能用实测的线性范围，不得将校准曲线任意外延。

6.6.2　制作校准曲线时，包括零浓度点在内至少应有六个浓度点，各浓度点应较均匀地分布在该方法的线性范围内。

6.6.3　制作校准曲线用的容器和量器，应经检定合格，使用的比色管应配套。

6.6.4　校准曲线制作应与批样测定同时进行。

6.6.5　校准曲线制作一般应按样品测定的相同操作步骤进行（如经过实验证实，标准溶液系列在省略部分操作步骤后，测量的响应值与全部操作步骤具有一致结果时，可允许省略部分操作步骤），测得的仪器响应值在扣除零浓度的响应值后，绘制曲线。

6.6.6　用线性回归方程计算出校准曲线的相关系数、截距和斜率，应符合标准方法中规定的要求，一般情况相关系数（r）应≥0.999。

6.6.7　用线性回归方程计算测量结果时，要求 r≥0.999。

6.6.8　对某些分析方法，如石墨炉原子吸收分光光度法、原子荧光法、等离子发射光谱法、离子色谱法、气相色谱法等，应检查测量信号与测定浓度的线性关系，当 r≥0.999 时，可用回归方程处理数据；若 r<0.999，而测量信号与浓度确实存在一定的线性关系，可用比例法计算结果。

6.6.9　校准曲线相关系数只舍不入，保留到小数点后出现非 9 的一位，如 0.99989→0.9998。如果小数点后都是 9 时，最多保留小数点后 4 位。校准曲线

斜率 b 的有效位数，应与自变量 x 的有效数字位数相等，或最多比 x 多保留一位。截距 a 的最后一位数，则和因变量 y 数值的最后一位取齐，或最多比 y 多保留一位数。

6.7 监测结果的表示方法

6.7.1 监测结果的计量单位应采用中华人民共和国法定计量单位。

6.7.2 浓度含量的表示

地下水环境化学监测项目浓度含量以 mg/L 表示，浓度较低时，则以 μg/L 表示。总碱度、总硬度用 $CaCO_3$ mg/L 表示。

总 α 放射性和总 β 放射性含量以 Bq/L 表示。

6.7.3 平行双样测定结果在允许偏差范围之内时，则用其平均值表示测定结果。

6.7.4 各监测项目不同监测方法的分析结果，其有效数字最多位数和小数点后最多位数列于附录 B。

6.7.5 当测定结果高于分析方法检出限时，报实际测定结果值；当测定结果低于分析方法检出限时，报所使用方法的检出限值，并加标志位 L。

6.7.6 测定结果的精密度表示

（1）平行样的精密度用相对偏差表示。

平行双样相对偏差的计算方法：

$$相对偏差（\%）=\frac{A-B}{A+B}\times100\%$$

式中：A、B——同一水样两次平行测定的结果。

多次平行测定结果相对偏差的计算方法：

$$相对偏差（\%）=\frac{x_i-\bar{x}}{\bar{x}}\times100\%$$

式中：x_i——某一测量值；

$\bar{x}$——多次测量值的均值。

（2）一组测量值的精密度常用标准偏差或相对标准偏差表示。标准偏差或相对标准偏差的计算方法：

$$标准偏差（s）=\sqrt{\frac{1}{n-1}\sum_{i=1}^{n}(x_i-\bar{x})^2}$$

$$相对标准偏差（RSD,\%）=(s\sqrt{x})\times100$$

式中：x_i——某一测量值；

$\bar{x}$——一组测量值的平均值；

n——测量次数。

6.7.7　测定结果的准确度表示

（1）以加标回收率表示时的计算式：

$$回收率（P，\%）= \frac{加标试样的测定值 - 试样测定值}{加标量} \times 100$$

（2）根据标准物质的测定结果，以相对误差表示时的计算式：

$$相对误差（\%）= \frac{测定值 - 保证值}{保证值} \times 100$$

6.8　实验室内部质量控制

6.8.1　实验室质量控制是地下水监测质量保证的重要组成部分，包括实验室内部质量控制和实验室间质量控制，前者是实验室内部对分析质量进行控制的过程，后者是指由外部有工作经验和技术水平的第三方或技术组织（如实验室认证管理机构、上级监测机构），通过发放考核样品等方式，对各实验室报出合格分析结果的综合能力、数据的可比性和系统误差作出评价的过程。

6.8.2　各实验室应采用各种有效的质量控制方式进行内部质量控制与管理，并贯穿于监测活动的全过程。

6.8.3　分析方法的适用性检验

分析人员在承担新的监测项目和分析方法时，应对该项目的分析方法进行适用性检验，包括空白值测定，分析方法检出限的估算，校准曲线的绘制及检验，方法的精密度、准确度及干扰因素等试验。以了解和掌握分析方法的原理、条件和特性。

6.8.3.1　空白值测定

空白值是指以实验用水代替样品，其他分析步骤及所加试液与样品测定完全相同的操作过程所测得的值。影响空白值的因素有：实验用水质量、试剂纯度、器皿洁净程度、计量仪器性能及环境条件、分析人员的操作水平和经验等。一个实验室在严格的操作条件下，对某个分析方法的空白值通常在很小的范围内波动。空白值的测定方法是：每批做平行双样测定，分别在一段时间内（隔天）重复测定一批，共测定 5~6 批。

按下式计算空白平均值：

$$\bar{b} = \frac{\sum X_b}{mn}$$

式中：$\bar{b}$——空白平均值；

X_b——空白测定值；

m——批数；

n——平行份数。

按下式计算空白平行测定（批内）标准偏差：

$$S_{wb} = \sqrt{\frac{\sum\limits_{i=1}^{m} \sum\limits_{j=1}^{n} X_{ij}^2 - \frac{1}{n} \sum\limits_{i=1}^{m} \left(\sum\limits_{j=1}^{n} X_{ij}\right)^2}{m(n-1)}}$$

式中：S_{wb}——空白平行测定（批内）标准偏差；

X_{ij}——各批所包含的各个测定值；

i——批；

j——同一批内各个测定值。

6.8.3.2 检出限的估算

检出限为某特定分析方法在给定的置信度（通常为95%）内可从样品中检出待测物质的最小浓度。所谓"检出"是指定性检出，即判定样品中存有浓度高于空白的待测物质。检出限受仪器的灵敏度和稳定性、全程序空白试验值及其波动性的影响。

对不同的测试方式检出限有几种估算方法：

（1）根据全程序空白值测试结果来估算。

a. 当空白测定次数 $n > 20$ 时，

$$DL = 4.6\sigma_{wb}$$

式中：DL——检出限；

σ_{wb}——空白平行测定（批内）标准偏差（$n > 20$ 时）。

当空白测定次数 $n < 20$ 时，

$$DL = 2\sqrt{2}t_f S_{wb}$$

式中：t_f——显著性水平为 0.05（单侧）、自由度为 f 的 t 值；

S_{wb}——空白平行测定（批内）标准偏差（$n < 20$ 时）；

f——批内自由度，等于 $m(n-1)$，m 为批数，n 为每批平行测定个数。

b. 对各种光学分析方法，可测量的最小分析信号 X_L 以下式确定：

$$X_L = \overline{X}_b + KS_b$$

式中：$\overline{X}_b$——空白多次测量平均值；

S_b——空白多次测量的标准偏差；

K——根据一定置信水平确定的系数，当置信水平约为90%时，$K = 3$。

与 $X_L - \overline{X}_b (KS_b)$ 相应的浓度或量即为检出限 DL。

$$DL = (X_L - \overline{X}_b)/S = 3S_b/S$$

式中：S——方法的灵敏度（校准曲线的斜率）。

为了评估$\overline{X_b}$和S_b，空白测定次数必须足够多，最好为 20 次。

当遇到某些仪器的分析方法空白值测定结果接近于 0.000 时，可配制接近零浓度的标准溶液来代替纯水进行空白值测定，以获得有实际意义的数据以便计算。

（2）不同分析方法的具体规定。

a. 某些分光光度法是以吸光度（扣除空白）为 0.010 相对应的浓度值为检出限。

b. 色谱法：检测器恰能产生与噪声相区别的响应信号时所需进入色谱柱的物质最小量为检出限，一般为噪声的 2 倍。

c. 离子选择电极法：当校准曲线的直线部分外延的延长线与通过空白电位且平行于浓度轴的直线相交时，其交点所对应的浓度值即为离子选择电极法的检出限。

实验室所测得的分析方法检出限不应大于该分析方法所规定的检出限，否则，应查明原因，消除空白值偏高的因素后，重新测定，直至测得的检出限小于或等于分析方法的规定值。

6.8.3.3　精密度检验

精密度是指使用特定的分析程序，在受控条件下重复分析测定均一样品所获得测定值之间的一致性程度。

（1）精密度检验方法。

检验分析方法精密度时，通常以空白溶液（实验用水）、标准溶液（浓度可选在校准曲线上限浓度值的 0.1 倍和 0.9 倍）、地下水样、地下水加标样等几种分析样品，求得批内、批间标准偏差和总标准偏差。各类偏差值应等于或小于分析方法规定的值。

（2）精密度检验结果的评价。

a. 由空白平行试验批内标准偏差，估计分析方法的检出限；

b. 比较各溶液的批内变异和批间变异，检验变异差异的显著性；

c. 比较天然地下水样与标准溶液测定结果的标准差，判断天然地下水样中是否存在影响测定精度的干扰因素；

d. 比较地下水加标样品的回收率，判断天然地下水中是否存在改变分析准确度的组分。

6.8.3.4　准确度检验

准确度是反映方法系统误差和随机误差的综合指标。检验准确度可采用：

①使用标准物质进行分析测定，比较测得值与保证值，其绝对误差或相对误差应符合方法规定要求。

②测定加标回收率（加标量一般为样品含量的0.5~2倍，且加标后的总浓度不应超过方法的测定上限浓度值），回收率应符合方法规定要求。

③对同一样品用不同原理的分析方法测试比对。

6.8.3.5　干扰试验

通过干扰试验，检验实际样品中可能存在的共存物是否对测定有干扰，了解共存物的最大允许浓度。干扰可能导致正或负的系统误差，干扰作用大小与待测物浓度和共存物浓度大小有关。应选择两个（或多个）待测物浓度值和不同浓度水平的共存物溶液进行干扰试验测定。

6.8.4　实验室分析质量控制程序

6.8.4.1　对送入实验室的水样应首先核对采样单、样品编号、包装情况、保存条件和有效期等。符合要求的样品方可开展分析。

6.8.4.2　每批水样分析时，应同时测定现场空白和实验室空白样品，当空白值明显偏高，或两者差异较大时，应仔细检查原因，以消除空白值偏高的因素。

6.8.4.3　校准曲线控制

（1）用校准曲线定量时，必须检查校准曲线的相关系数、斜率和截距是否正常，必要时进行校准曲线斜率、截距的统计检验和校准曲线的精密度检验。

（2）校准曲线斜率比较稳定的监测项目，在实验条件没有改变、样品分析与校准曲线制作不同时进行的情况下，应在样品分析的同时测定校准曲线上1~2个点（0.3倍和0.8倍测定上限），其测定结果与原校准曲线相应浓度点的相对偏差绝对值不得大于5%~10%，否则需重新制作校准曲线。

（3）原子吸收分光光度法、气相色谱法、离子色谱法、冷原子吸收（荧光）测汞法等仪器分析方法校准曲线的制作必须与样品测定同时进行。

6.8.4.4　精密度控制

凡样品均匀能做平行双样的分析项目，每批水样分析时均须做10%的平行双样，样品数较小时，每批样品应至少做一份样品的平行双样。平行双样可采用密码或明码两种方式，地下水监测平行双样允许偏差见附录C。若测定的平行双样允许偏差符合附录C规定值，则最终结果以双样测试结果的平均值报出；若平行双样测试结果超出附录C的规定允许偏差时，在样品允许保存期内，再加测一次，取相对偏差符合附录C规定的两个测试结果的平均值报出。

6.8.4.5　准确度控制

地下水水质监测中，采用标准物质和样品同步测试的方法作为准确度控制手段，每批样品带一个已知浓度的标准物质或质控样品。如果实验室自行配制质控样，要注意与国家标准物质比对，并且不得使用与绘制校准曲线相同的标准溶液配制，必须另行配制。常规监测项目标准物质测试结果的允许误差见附录 C。

当标准物质或质控样测试结果超出了附录 C 规定的允许误差范围，表明分析过程存在系统误差，本批分析结果准确度失控，应找出失控原因并加以排除后才能再行分析并报出结果。

对于受污染的或样品性质复杂的地下水，也可采用测定加标回收率作为准确度控制手段。地下水各监测项目加标回收率允许范围见附录 C。

6.8.4.6　原始记录和监测报告的审核

地下水监测原始记录和监测报告执行三级审核制。第一级为采样或分析人员之间的相互校对，第二级为科室（或组）负责人的校核，第三级为技术负责人（或授权签字人）的审核签发。

第一级主要校对原始记录的完整性和规范性，仪器设备、分析方法的适用性和有效性，测试数据和计算结果的准确性，校对人员应在原始记录上签名。

第二级主要校核监测报告和原始记录的一致性，报告内容完整性、数据准确性和结论正确性。

第三级审核监测报告是否经过了校核，报告内容的完整性和符合性，监测结果的合理性和结论的正确性。

第二、第三级校核、审核后，均应在监测报告上签名。

6.9　实验室间质量控制

6.9.1　主动、积极、有计划地参加由外部有工作经验和技术水平的第三方或技术组织组织的实验室间比对和能力验证活动，以不断提高各实验室监测技术水平。

6.9.2　国家、省、市环境监测站应制订并实施年度实验室间比对、质控考核计划，定期使用标准物质或稳定的模拟地下水样对下级站组织实验室间比对和质控考核活动，判断各实验室间测定结果间是否存在显著差异，以利有关实验室及时查找原因，减少系统误差。

6.9.3　上级环境监测机构定期对下属监测站的质量保证工作进行检查、指导，组织优质实验室和优秀监测人员的考评工作，并经常组织技术讲座、培训和技术交流等活动，以不断提高环境监测队伍整体技术水平。

7 资料整编

7.1 原始资料收集与整理

7.1.1 各环境监测站应指派专人负责地下水监测原始资料的收集、核查和整理工作。收集、核查和整理的内容包括监测任务下达，监测井布设，样品采集、保存、运送过程，采样时的气象、水文、环境条件，监测项目和分析方法，试剂、标准溶液的配制与标定，校准曲线的绘制，分析测试记录及结果计算，质量控制等各个环节形成的原始记录。核查人员对各类原始资料信息的合理性和完整性进行核查，一旦发现可疑之处，应及时查明原因，由原记录人员予以纠正。当原因不明时，应如实向科室主任或监测报表（或报告）编制人说明情况，但不得任意修改或舍弃可疑数据。

7.1.2 收集、核查、整理好的原始资料及时提交监测报表（或报告）编制人，作为编制监测报表（或报告）的唯一依据。

7.1.3 整理好的原始资料与相应的监测报表（或报告）一起，须经科室主任校核、技术负责人（或授权签字人）审核后，方能上报监测报表（或报告）。

7.1.4 将审核后的原始资料与相应的监测报表（或报告）副本一起装订成册，妥善保管，定期存档。

7.2 绘制监测点（井）位分布图

监测点（井）位分布图幅面为 A3 或 A4，正上方为正北指向。底图应含河流、湖泊、水库，城镇，省、市、县界，经纬线等，应标明比例尺和图例。每个监测点（井）旁应注明监测点（井）编号及监测点（井）名称。对某一监测点（井）如须详细表述周围地质构造、污染源分布等信息时可采用局部放大法。

7.3 开发地下水监测信息管理系统

开发地下水监测信息管理系统，是实现地下水监测信息"传输—处理—综合—发布—共享"为一体的、为地下水环境保护提供优质服务的重要技术支撑。

7.3.1 需求分析

为开发地下水监测信息管理系统，首先应进行充分的系统需求分析。以本规范为基础，详细分析本规范全部内容，包括监测点（井）分类、监测目的、监测项目、样品采集、测试分析过程、资料整理等，同时通过系统调研，了解各级环境保护行政主管部门、科研单位、社会公众等不同用户对地下水监测信息的各种需求，编写系统分析报告，并附有数据流程图、输入表及输出表等。系统分析报告应通过有关专家审定。

7.3.2　编码

地下水监测信息管理系统的开发要使用大量的信息编码（或称代码），如监测点（井）位编码、测点（井）类型编码、河流编码、流域编码、使用功能编码、监测期编码、监测项目编码、分析方法编码、分析仪器编码，等等。在编码时，应优先使用国家标准编码法，没有国家标准时，应采用行业标准编码法。只有在既无国家标准又无行业标准时，方可自行编码。编码时要注意编码的科学性、唯一性和可扩充性。

7.3.3　原始数据

地下水监测信息管理系统应能存贮监测原始数据及其一系列相关的背景数据，即任一个监测数据要与监测点（井）位、点（井）位类型、监测时间、分析方法、分析仪器、气象参数、水文地质参数及其他相关信息关联。这有利于监测数据的深加工利用，以满足不同处理方法和不同用户的要求。

7.3.4　计量单位

地下水监测信息管理系统中所有信息、数据的计量单位均应使用中华人民共和国法定计量单位。

7.3.5　数据准确性

一个建立在计算机上的信息系统能否成功运行，主要取决于能否正确地存入准确有效的数据。地下水监测信息管理系统存贮的数据必须是按本规范要求测得的、有效的、有质量保证的数据。系统应有数据检查、修改的功能，以保证贮存在计算机内数据的准确性。

对计算机管理的数据录入报表，填报人员、复核人员及技术负责人（或授权签字人）要认真检查、复核和审核。

7.3.6　数据上报

我国环境监测信息管理现状是分级管理、逐级上报。管理级别分为国家、省（自治区、直辖市）、地（市、州）和县（县级市）四级。各级环境监测网络的牵头单位分别是中国环境监测总站、省（自治区、直辖市）环境监测中心站、地（市、州）环境监测站和县级环境监测站。各级环境监测网络站组成成员及控制的监测井名单由同级环境保护行政主管部门公布。下级网络站的信息管理系统应含有上一级网络站所需要的监测信息，以利于逐级上报时提取。

7.3.7　系统目标

地下水监测信息管理系统应具有灵活、开放、可扩充的特点，界面友好、操作简便、与其他系统兼容性好并留有扩充空间和二次开发的余地。除满足本规范要求的各类监测报表外，还应满足环境保护行政主管部门例行报表、报告及辅助决策要求，同时应满足信息传输、各类用户随机查询和网上发布的要求。

7.4 监测报表格式
7.4.1 监测项目和分析方法

表6 地下水监测项目和分析方法

监测站名＿＿＿＿＿＿＿＿＿　　年度＿＿＿＿＿＿＿＿＿

监测项目	分析方法和标准代号	使用仪器名称及型号	检出限

注：1. 按本站实际情况填写此表；

2. "监测项目"栏必测项目在上，选测项目在下。

填表人＿＿＿＿＿＿＿＿　　复核人＿＿＿＿＿＿＿＿　　审核人＿＿＿＿＿＿＿＿＿

填表日期　　年　　月　　日

7.4.2 监测点（井）位汇总

表7 地下水监测点（井）位汇总

监测站名＿＿＿＿＿＿＿＿＿　　年度＿＿＿＿＿＿＿＿＿

监测井编号	监测井名称	所在位置				流域水系	水位(m)	埋深(m)	地下水类型		使用功能	开始监测时间	
		市(县)	区(乡、镇)	东经	北纬				埋藏条件	含水介质类型		年	月

续表

| 监测井编号 | 监测井名称 | 所在位置 | | | | 流域水系 | 水位 (m) | 埋深 (m) | 地下水类型 | | 使用功能 | 开始监测时间 | |
		市 (县)	区 (乡、镇)	东经	北纬				埋藏条件	含水介质类型		年	月

注：1. "埋藏条件"按滞水、潜水、承压水填写；"含水介质类型"按孔隙水、裂隙水、岩溶水填写。

2. "开始监测时间"指设监测点（井）后开始监测的年、月。

填表人_____ 复核人_____ 审核人_____

填表日期　年　月　日

7.4.3　监测结果汇总

表8　地下水水质监测结果汇总

监测站名_____　年度_____

| 监测井编号 | 监测井名称 | 地下水类型 | 使用功能 | 采样日期 |
				月　　日

监测项目	计量单位	监测结果

注：1. 监测结果如小于检出限时填所使用方法的检出限值，并在后面加"L"（如0.001L），监测结果大于测量上限时，填最大可测量值再在后面加"G"（如99.9G）；

2. 监测项目按本站实测项目填写，必测项目在上，选测项目在下。

填表人_____ 复核人_____ 审核人_____

填表日期　年　月　日

7.4.4 监测结果年度统计

表9 地下水监测结果年度统计

监测站名_____ 年度_____

统计类别（ ）＼统计指标＼监测项目						
样本数						
最大值						
最小值						
平均值						
超标率（%）						
样本数						
最大值						
最小值						
平均值						
超标率（%）						

注：1. 根据统计需要，"统计类别"可以有多种选择，如监测站位（井）、监测水期、地下水层次、地下水类型等；

2. "监测项目"栏按本站实测项目填写，必测项目、选测项目自左至右依次填写；

3. 超标率（%）$= \dfrac{超标样本数}{样本数} \times 100$

4. 细菌总数、大肠菌群的平均值采用几何均值计算法：$\bar{c} = \sqrt[n]{\prod_{i=1}^{n} c_i} = \sqrt[n]{c_1 \cdot c_2 L c_n}$

式中：c——几何均值；

c_i——单个监测值；

n——统计个数。

填表人_____ 复核人_____ 审核人_____

填表日期 年 月 日

附录 A
（规范性附录）
水样保存、容器的洗涤和采样体积

项目名称	采样容器	保存剂及用量	保存期	采样量[①]（ml）	容器洗涤
色*	G，P		12h	250	I
嗅和味*	G		6h	200	I
浑浊度*	G，P		12h	250	I
肉眼可见物*	G		12h	200	I
pH*	G，P		12h	200	I
总硬度**	G，P		24h	250	I
		加 HNO_3，$pH < 2$	30d		
溶解性总固体**	G，P		24h	250	I
总矿化度**	G，P		24h	250	I
硫酸盐**	G，P		30d	250	I
氯化物**	G，P		30d	250	I
磷酸盐**	G，P		24h	250	IV
游离二氧化碳**	G，P		24h	500	I
碳酸氢盐**	G，P		24h	500	I
钾	P	HNO_3，1L 水样中加浓 HNO_3 10ml	14d	250	II
钠	P	HNO_3，1L 水样中加浓 HNO_3 10ml	14d	250	II
铁	G，P	HNO_3，1L 水样中加浓 HNO_3 10ml	14d	250	III
锰	G，P	HNO_3，1L 水样中加浓 HNO_3 10ml	14d	250	III
铜	P	HNO_3，1L 水样中加浓 HNO_3 10ml[②]	14d	250	III
锌	P	HNO_3，1L 水样中加浓 HNO_3 10ml[②]	14d	250	III
钼	P	加 HNO_3，$pH < 2$	14d	250	III
钴	P	加 HNO_3，$pH < 2$	14d	250	III
挥发性酚类**	G	用 H_3PO_4 调至 $pH = 2$，用 $0.01 \sim 0.02g$ 抗坏血酸除去余氯	24h	1000	I
阴离子表面活性剂**	G，P		24h	250	IV
高锰酸盐指数**	G		2d	500	I

续表

项目名称	采样容器	保存剂及用量	保存期	采样量① (ml)	容器洗涤
溶解氧**	溶解氧瓶	加入硫酸锰、碱性碘化钾溶液，现场固定	24h	250	I
化学需氧量	G	H_2SO_4，pH < 2	2d	500	I
五日生化需氧量**	溶解氧瓶	0～4℃避光保存	12h	1000	I
	P	冷冻保存	24h	1000	I
硝酸盐氮**	G，P		24h	250	I
亚硝酸盐氮**	G，P		24h	250	I
氨氮	G，P	H_2SO_4，pH < 2	24h	250	I
氟化物**	P		14d	250	I
碘化物**	G，P		24h	250	I
溴化物**	G，P		14d	250	I
总氰化物	G，P	NaOH，pH > 9	12h	250	I
汞	G，P	HCl，1%，如水样为中性，1L水样中加浓 HCl 2ml	14d	250	III
砷	G，P	H_2SO_4，pH < 2	14d	250	I
硒	G，P	HCl，1L 水样中加浓 HCl 10ml	14d	250	III
镉	G，P	HNO_3，1L 水样中加浓 HNO_3 10ml②	14d	250	III
六价铬	G，P	NaOH，pH = 8～9	24h	250	III
铅	G，P	HNO_3，1L 水样中加浓 HNO_3 10ml②	14d	250	III
铍	G，P	HNO_3，1L 水样中加浓 HNO_3 10ml	14d	250	III
钡	G，P	HNO_3，1L 水样中加浓 HNO_3 10ml	14d	250	III
镍	G，P	HNO_3，1L 水样中加浓 HNO_3 10ml	14d	250	III
石油类	G	加入 HCl 至 pH < 2	7d	500	II
硫化物	G，P	1L 水样加 NaOH 至 pH 至 9，加入 5% 抗坏血酸 5ml，饱和 EDTA3ml，滴加饱和 $Zn(Ac)_2$ 至胶体产生，常温避光	24h	250	I
滴滴涕**	G		24h	1000	I
六六六**	G		24h	1000	I
有机磷农药**	G		24h	1000	I

续表

项目名称	采样容器	保存剂及用量	保存期	采样量① （ml）	容器 洗涤
总大肠菌群**	G（灭菌）	水样中如有余氯应在采样瓶消毒前按每 125ml 水样加 0.1ml 100g/L 硫代硫酸钠，以消除氯对细菌的抑制作用	6h	150	I
细菌总数**	G（灭菌）	4℃保存	6h	150	I
总 α 放射性	P	HNO_3，pH < 2	5d	5000	I
总 β 放射性					
苯系物**	G	用 1 + 10HCl 调至 pH≤2，加入 0.01 ~ 0.02g 抗坏血酸除去余氯	12h	1000	I
烃类**	G		12h	1000	I
醛类**	G	加入 0.2 ~ 0.5g/L 硫代硫酸钠除去余氯	24h	250	I

注：1. * 表示应尽量现场测定；** 表示低温（0~4℃）避光保存。

2. G 为硬质玻璃瓶；P 为聚乙烯瓶（桶）。

3. ①为单项样品的最少采样量；②如用溶出伏安法测定，可改用 1L 水样中加 19ml 浓 $HClO_4$。

4. I、II、III、IV 分别表示四种洗涤方法：

I——洗涤剂洗 1 次，自来水洗 3 次，蒸馏水洗 1 次；

II——洗涤剂洗 1 次，自来水洗 2 次，1 + 3HNO₃ 荡洗 1 次，自来水洗 3 次，蒸馏水洗 1 次；

III——洗涤剂洗 1 次，自来水洗 2 次，1 + 3HNO₃ 荡洗 1 次，自来水洗 3 次，去离子水洗 1 次；

IV——铬酸洗液洗 1 次，自来水洗 3 次，蒸馏水洗 1 次。

5. 经 160℃ 干热灭菌 2h 的微生物采样容器，必须在两周内使用，否则应重新灭菌。经 121℃ 高压蒸气灭菌 15min 的采样容器，如不立即使用，应于 60℃ 将瓶内冷凝水烘干，两周内使用。细菌监测项目采样时不能用水样冲洗采样容器，不能采混合水样，应单独采样后 2h 内送实验室分析。

· 171 ·

附录 B

（规范性附录）

地下水监测分析方法（3）（4）

序号	监测项目	分析方法	最低检出浓度（量）	有效数字最多位数	小数点后最多位数（5）	方法依据
1	水温	温度计法	0.1℃	3	1	GB/T 13195—1991
2	色度	铂钴比色法	—	—	—	GB/T 11903—1989
3	嗅和味	嗅气和尝味法	—	—	—	（2）
4	浑浊度	1. 分光光度法	3 度	3	0	GB/T 13200—1991
		2. 目视比浊法	1 度	3	0	GB/T 13200—1991
		3. 浊度计法	1 度	3	0	（1）
5	pH	玻璃电极法	0.1（pH）	1	1	GB/T 6920—1986
			0.01（pH）	2	2	
6	溶解性总固体	重量法	4mg/L	3	0	GB/T 11901—1989
7	总矿化度	重量法	4mg/L	3	0	（1）
8	全盐量	重量法	10mg/L	3	0	HJ/T 51—1999
9	电导率	电导率仪法	1μs/cm（25℃）	3	0	（1）
10	总硬度	1. EDTA 滴定法	5.00mg/L（以 $CaCO_3$ 计）	3	2	GB/T 7477—1987
		2. 钙镁换算法	—	—	—	（1）
		3. 流动注射法	—	—	—	（1）
11	溶解氧	1. 碘量法	0.2mg/L	3	1	GB/T 7489—1987
		2. 电化学探头法	—	3	1	GB/T 11913—1989
12	高锰酸盐指数	1. 酸性高锰酸钾氧化法	0.5mg/L	3	1	GB/T 11892—1989
		2. 碱性高锰酸钾氧化法	0.5mg/L	3	1	GB/T 11892—1989
		3. 流动注射连续测定法	0.5mg/L	3	1	（1）
13	化学需氧量	1. 重铬酸盐法				GB/T 11914—1989
		2. 库仑法	5mg/L	3	0	（1）
		3. 快速 COD 法（①快速密闭催化消解法；②节能加热法）	2mg/L	3	0	需与 GB/T 11914—1989 方法进行对照
			2mg/L	3	0	（1）

续表

序号	监测项目	分析方法	最低检出浓度（量）	有效数字最多位数	小数点后最多位数（5）	方法依据
14	生化需氧量	1. 稀释与接种法	2mg/L	3	1	GB/T 7488—1987
		2. 微生物传感器快速测定法	—	3	1	HJ/T 86—2002
15	挥发性酚类	1.4－氨基安替比林萃取光度法	0.002mg/L	3	3	GB/T 7490—1987
		2. 蒸馏后溴化容量法	—	—	—	GB/T 7491—1987
16	石油类	1. 红外分光光度法	0.01mg/L	3	2	GB/T 16488—1996
		2. 非分散红外光度法	0.02mg/L	3	2	GB/T 16488—1996
17	亚硝酸盐氮	1. N－（1－萘基）－二乙胺光度法	0.003mg/L	3	3	GB/T 7493—1987
		2. 离子色谱法	0.05mg/L	3	2	（1）
		3. 气相分子吸收法	5μg/L	3	1	（1）
18	氨氮	1. 纳氏试剂光度法	0.025mg/L	3	3	GB/T 7479—1987
		2. 蒸馏和滴定法	0.2mg/L	3	1	GB/T 7478—1987
		3. 水杨酸分光光度法	0.01mg/L	3	2	GB/T 7481—1987
		4. 电极法	0.03mg/L	3	2	
		5. 气相分子吸收法	0.0005mg/L	3	4	（1）
19	硝酸盐氮	1. 酚二磺酸分光光度法	0.02mg/L	3	2	GB/T 7480—1987
		2. 紫外分光光度法	0.08mg/L	3	2	（1）
		3. 离子色谱法	0.04mg/L	3	2	（1）
		4. 气相分子吸收法	0.03mg/L	3	2	（1）
		5. 离子选择电极流动注射法	0.21mg/L	3	2	（1）
20	凯氏氮	蒸馏—光度法或滴定法	0.2mg/L	3	1	GB/T 11891—1989
21	酸度	1. 酸碱指示剂滴定法	—	3	1	（1）
		2. 电位滴定法	—	4	2	（1）
22	总碱度	1. 酸碱指示剂滴定法	—	4	1	（1）
		2. 电位滴定法	—	4	1	（1）
23	氯化物	1. 硝酸银滴定法	2mg/L	3	0	GB/T 11896—1989
		2. 电位滴定法	3.4mg/L	3	1	（1）
		3. 离子色谱法	0.04mg/L	3	2	（1）
		4. 离子选择电极流动注射法	0.9mg/L	3	1	（1）

续表

序号	监测项目	分析方法	最低检出浓度（量）	有效数字最多位数	小数点后最多位数（5）	方法依据
24	游离余氯和总氯	1. N，N－二乙基－1，4－苯二胺滴定法	0.03mg/L	3	2	GB/T 11897—1989
		2. N，N－二乙基－1，4－苯二胺分光光度法	0.05mg/L	3	2	GB/T 11898—1989
25	硫酸盐	1. 重量法	10mg/L	3	0	GB/T 11899—1989
		2. 铬酸钡光度法	1mg/L	3	0	（1）
		3. 火焰原子吸收法	0.2mg/L	3	1	GB/T 13196—1991
		4. 离子色谱法	0.1mg/L	3	1	（1）
26	氟化物	1. 离子选择电极法（含流动电极法）	0.05mg/L	3	2	GB/T 7484—1987
		2. 氟试剂分光光度法	0.05mg/L	3	2	GB/T 7483—1987
		3. 茜素磺酸锆目视比色法	0.05mg/L	3	2	GB/T 7482—1987
		4. 离子色谱法	0.02mg/L	3	2	（1）
27	总氰化物	1. 异烟酸—吡唑啉酮比色法	0.004mg/L	3	3	GB/T 7486—1987
		2. 吡啶—巴比妥酸比色法	0.002mg/L	3	3	GB/T 7486—1987
28	硫化物	1. 亚甲基蓝分光光度法	0.005mg/L	3	3	GB/T 16489—1996
		2. 直接显色分光光度法	0.004mg/L	3	3	GB/T 17133—1997
		3. 间接原子吸收法	0.006mg/L	3	3	（1）
		4. 碘量法	0.02mg/L	3	2	（1）
29	碘化物	1. 催化比色法	1μg/L	3	1	（1）
		2. 气相色谱法	1μg/L	3	1	（2）
30	砷	1. 硼氢化钾—硝酸银分光光度法	0.0004mg/L	3	4	GB/T 11900—1989
		2. 氢化物发生原子吸收法	0.002mg/L	3	3	（1）
		3. 二乙基二硫化氨基甲酸银分光光度法	0.007mg/L	3	3	GB/T 7485—1987
		4. 等离子发射光谱法	0.1mg/L	3	1	（1）
		5. 原子荧光法	0.5μg/L	3	1	（1）
31	铍	1. 石墨炉原子吸收法	0.02μg/L	3	2	HJ/T 59—2000
		2. 铬天菁 R 光度法	0.2μg/L	3	1	HJ/T 58—2000
		3. 等离子发射光谱法	0.02μg/L	3	2	（1）

续表

序号	监测项目	分析方法	最低检出浓度（量）	有效数字最多位数	小数点后最多位数（5）	方法依据
32	镉	1. 在线富集流动注射—火焰原子吸收法 2. 火焰原子吸收法 3. 石墨炉原子吸收法 4. 双硫腙分光光度法 5. 阳极溶出伏安法 6. 示波极谱法 7. 等离子发射光谱法	2μg/L 0.05mg/L （直接法） 1μg/L （螯合萃取法） 0.10μg/L 1μg/L 0.5μg/L 10^{-6}mol/L 0.006mg/L	3 3 3 3 3 3 3 3	0 2 0 2 0 1 1 3	环监测〔1995〕079号文 GB/T 7475—1987 GB/T 7475—1987 （1） GB/T 7471—1987 （1） （1） （1）
33	六价铬	二苯碳酰二肼分光光度法	0.004mg/L	3	3	GB/T7467—1987
34	铜	1. 火焰原子吸收法 2. 石墨炉原子吸收法 3. 2, 9 - 二甲基 - 1, 10 - 菲罗啉分光光度法 4. 二乙氨基二硫代甲酸钠分光光度法 5. 在线富集流动注射—火焰原子吸收法 6. 阳极溶出伏安法 7. 示波极谱法 8. 等离子发射光谱法	0.05mg/L （直接法） 1μg/L （螯合萃取法） 1.0μg/L 0.06mg/L 0.01mg/L 2μg/L 0.5μg/L 10^{-6}mol/L 0.02mg/L	3 3 3 3 3 3 3 3 3 3	2 0 1 2 2 0 1 1 2	GB/T 7475—1987 GB/T 7475—1987 （1） GB/T 7473—1987 GB/T 7474—1987 （1） （1） （1） （1） （1）
35	汞	1. 冷原子吸收法 2. 原子荧光法 3. 双硫腙光度法	0.1μg/L 0.01μg/L 2μg/L	3 3 3	1 2 0	GB/T 7468—1987 （1） GB/T 7469—1987
36	铁	1. 火焰原子吸收法 2. 邻菲罗啉分光光度法 3. 等离子发射光谱法	0.03mg/L 0.03mg/L 0.03mg/L	3 3 3	2 2 2	GB/T 11911—1989 （1） （1）

序号	监测项目	分析方法	最低检出浓度（量）	有效数字最多位数	小数点后最多位数（5）	方法依据
37	锰	1. 火焰原子吸收法	0.01mg/L	3	2	GB/T 11911—1989
		2. 高碘酸钾氧化光度法	0.05mg/L	3	2	GB/T 11906—1989
		3. 等离子发射光谱法	0.001mg/L	3	3	（1）
38	镍	1. 火焰原子吸收法	0.05mg/L	3	2	GB/T 11912—1989
		2. 丁二酮肟分光光度法	0.25mg/L	3	2	GB/T 11910—1989
		3. 等离子发射光谱法	0.01mg/L	3	2	（1）
39	铅	1. 火焰原子吸收法	0.2mg/L（直接法）	3	1	GB/T 7475—1989
		2. 石墨炉原子吸收法	10μg/L（螯合萃取法）	3	0	GB/T 7475—1989
		3. 在线富集流动注射—火焰原子吸收法	1.0μg/L	3	1	（1）
		4. 双硫腙分光光度法	5.0μg/L	3	1	环监〔1995〕079号文
		5. 阳极溶出伏安法				GB/T 7470—1987
		6. 示波极谱法	0.01mg/L	3	2	（1）
		7. 等离子发射光谱法	0.5mg/L	3	1	GB/T 13896—92
			0.02mg/L	3	2	
			0.05mg/L	3	2	（1）
40	硒	1. 原子荧光法	0.5μg/L	3	1	（1）
		2. 2, 3—二氨基萘荧光法	0.25μg/L	3	2	GB/T 11902—1989
		3. 3, 3'—二氨基联苯胺光度法	2.5μg/L	3	1	（1）
41	锌	1. 火焰原子吸收法	0.02mg/L	3	2	GB/T 7475—1987
		2. 在线富集流动注射—火焰原子吸收法	2μg/L	3	0	（1）
		3. 双硫腙分光光度法	0.005mg/L	3	3	GB/T 7472—1987
		4. 阳极溶出伏安法	0.5mg/L	3	1	（1）
		5. 示波极谱法	10^{-6}mol/L	3	1	（1）
		6. 等离子发射光谱法	0.006mg/L	3	3	（1）
42	钾	1. 火焰原子吸收法	0.03mg/L	3	2	GB/T 11904—1989
		2. 等离子发射光谱法	0.5mg/L	3	1	（1）
43	钠	1. 火焰原子吸收法	0.010mg/L	3	3	GB/T 11904—1989
		2. 等离子发射光谱法	0.2mg/L	3	1	（1）

续表

序号	监测项目	分析方法	最低检出浓度（量）	有效数字最多位数	小数点后最多位数（5）	方法依据
44	钙	1. 火焰原子吸收法	0.02mg/L	3	2	GB/T 11905—1989
		2. EDTA 络合滴定法	1.00mg/L	3	2	GB/T 7476—1987
		3. 等离子发射光谱法	0.01mg/L	3	2	(1)
45	镁	1. 火焰原子吸收法	0.002mg/L	3	3	GB/T 11905—1989
		2. EDTA 络合滴定法	1.00mg/L	3	2	GB/T 7477—1987 （Ca、Mg 总量）
		3. 等离子发射光谱法	0.002mg/L	3	3	(1)
46	挥发性卤代烃	1. 气相色谱法	0.01～0.10μg/L	3	2	GB/T 17130—1997
		2. 吹脱捕集气相色谱法	0.009～0.08μg/L	3	3	(1)
		3. GC/MS 法	0.03～0.3μg/L	3	2	(1)
47	苯系物	1. 气相色谱法	0.005mg/L	3	3	GB/T 11890—1989
		2. 吹脱捕集气相色谱法	0.002～0.003μg/L	3	3	(1)
		3. GC/MS 法	0.01～0.02μg/L	3	3	(1)
48	甲醛	1. 乙酰丙酮光度法	0.05mg/L	3	2	GB/T 13197—1991
		2. 变色酸光度法	0.1mg/L	3	1	(1)
49	有机磷农药	1. 气相色谱法（乐果、对硫磷、甲基对硫磷、马拉硫磷、敌敌畏、敌百虫）	0.05～0.5μg/L	3	2	GB/T 13192—1991
		2. 气相色谱法（速灭磷、甲拌磷、二嗪农、异稻瘟净、甲基对硫磷、杀螟硫磷、溴硫磷、水胺硫磷、稻丰散、杀扑磷）	0.2～5.8μg/L	3	1	GB/T 14552—93
50	有机氯农药（六六六、滴滴涕）	1. 气相色谱法	4～200ng/L	3	0	GB/T 7492—1987
		2. GC/MS 法	0.5～1.6mg/L	3	1	(1)
51	阴离子表面活性剂	1. 电位滴定法	5mg/L	4	0	GB/T 13199—1991
		2. 亚甲蓝分光光度法	0.05mg/L	3	2	GB/T 7494—1987
52	粪大肠菌群	1. 多管发酵法	—	—	—	(1)
		2. 滤膜法	—	—	—	(1)
53	细菌总数	培养法	—	—	—	(1)

序号	监测项目	分析方法	最低检出浓度（量）	有效数字最多位数	小数点后最多位数（5）	方法依据
54	总 α 放射性	1. 有效厚度法	1.6×10^{-2} Bq/L	3	1	（2）
		2. 比较测量法		3	1	（2）
		3. 标准曲线法		3	1	（2）
55	总 β 放射性	比较测量法	2.8×10^{-2} Bq/L	3	1	（2）

注：（1）《水和废水监测分析》（第四版），中国环境科学出版社，2002 年。

（2）《生活饮用水卫生规范》，中华人民共和国卫生部，2001 年。

（3）我国尚没有标准方法或国内标准方法达不到检出限要求的一些监测项目，可采用 ISO、美国 EPA 或日本 JIS 相应的标准方法，但在测定实际水样之前，要进行适用性检验，检验内容包括：检出限、最低检出浓度、精密度、加标回收率等，并在报告数据时作为附件同时上报。

（4）考虑检测技术的进步，如溶解氧、化学需氧量、高锰酸盐指数等能实现连续自动监测的项目，可使用连续自动监测法，但使用前须进行适用性检验。

（5）小数点后最多位数是根据最低检出浓度（量）的单位选定的，如单位改变，其相应的小数点后最多位数也随之改变。

附录 C

（规范性附录）

地下水监测实验室质量控制指标

——测定值的精密度和准确度允许差

项目	样品含量范围（mg/L）	精密度（%）		准确度（%）			适用的监测分析方法
		室内（$\lvert d_i \rvert / \bar{x}$）	室间（$\bar{d}/\bar{\bar{x}}$）	加标回收率	室内（$\lvert RE \rvert$）	室间（$\lvert RE \rvert$）	
水温（℃）		$\lvert d_i \rvert = 0.5$					温度计法
pH	1～14	$\lvert d_i \rvert = 0.05$ 单位	$\lvert d \rvert = 0.1$ 单位				玻璃电极法
电导率（μs/cm）	<100	≤10	≤15		≤8	≤10	电导仪法
	>100	≤8	≤10		≤5	≤5	
硫酸盐	1～10	≤15	≤20	90～110	≤10	≤15	离子色谱法、铬酸钡光度法、火焰原子吸收法
	10～100	≤10	≤15	90～110	≤8	≤10	离子色谱法、铬酸钡光度法
	>100	≤5	≤10	95～105	≤5	≤5	重量法
氯化物	1～50	≤10	≤15	90～110	≤10	≤15	离子色谱法、硝酸银滴定法、电位滴定法
	50～250	≤8	≤10	90～110	≤5	≤10	硝酸银滴定法、电位滴定法
	>250	≤5	≤5	95～105	≤5	≤5	
铁	<0.3	≤15	≤20	85～115	≤15	≤20	等离子发射光谱法、火焰原子吸收法、邻菲罗啉分光光度法
	0.3～1.0	≤10	≤15	90～110	≤10	≤15	火焰原子吸收法
	>1.0	≤5	≤10	95～105	≤5	≤10	EDTA 络合滴定法
锰	<0.1	≤15	≤20	85～115	≤10	≤15	等离子发射光谱法 火焰原子吸收法 高碘酸钾氧化光度法
	0.1～1.0	≤10	≤15	90～110	≤5	≤10	火焰原子吸收法
	>1.0	≤5	≤10	95～105	≤5	≤10	高碘酸钾氧化光度法

续表

项目	样品含量范围（mg/L）	精密度（%）		准确度（%）			适用的监测分析方法
		室内（$\lvert d_i/\bar{x} \rvert$）	室间（$\bar{d}/\bar{\bar{x}}$）	加标回收率	室内（$\lvert RE \rvert$）	室间（$\lvert RE \rvert$）	
铜	<0.1	≤15	≤20	85～115	≤10	≤15	等离子发射光谱法 火焰原子吸收法 分光光度法、极谱法
	0.1～1.0	≤10	≤15	90～110	≤5	≤10	分光光度法
	>1.0	≤8	≤10	95～105	≤5	≤10	火焰原子吸收法
锌	<0.05	≤20	≤30	85～120	≤10	≤15	等离子发射光谱法 火焰原子吸收法 双硫腙分光光度法、极谱法
	0.05～1.0	≤15	≤20	90～110	≤8	≤10	双硫腙分光光度法
	>1.0	≤10	≤15	95～105	≤5	≤10	火焰原子吸收法
钾	<1.0	≤10	≤15	85～115	≤10	≤15	等离子发射光谱法 火焰原子吸收法
	1.0～3.0	≤10	≤15	90～110	≤8	≤10	火焰原子吸收法
	>3.0	≤8	≤10	95～105	≤5	≤8	
钠	<1.0	≤10	≤15	90～110	≤10	≤15	等离子发射光谱法 火焰原子吸收法
	1.0～10	≤10	≤15	95～105	≤8	≤10	火焰原子吸收法
	>10	≤8	≤10	95～105	≤5	≤8	
钙	<1.0	≤10	≤15	90～110	≤10	≤15	等离子发射光谱法 火焰原子吸收法
	1.0～5.0	≤10	≤15	95～105	≤8	≤10	火焰原子吸收法
	>5.0	≤8	≤10	95～105	≤5	≤8	
镁	<1.0	≤10	≤15	90～110	≤10	≤15	火焰原子吸收法
	>1.0	≤8	≤10	95～105	≤5	≤8	EDTA 络合滴定法
总碱度（以 $CaCO_3$ 计）	<50	≤10	≤15	90～110	≤10	≤15	酸碱指示剂滴定法 电位滴定法
	>50	≤8	≤10	95～105	≤5	≤10	酸碱指示剂滴定法 电位滴定法

续表

项目	样品含量范围（mg/L）	精密度（%）		准确度（%）			适用的监测分析方法
		室内（$\lvert d_i \rvert / \bar{x}$）	室间（$\bar{\bar{d}} / \bar{\bar{x}}$）	加标回收率	室内（$\lvert RE \rvert$）	室间（$\lvert RE \rvert$）	
总硬度（以 CaCO₃ 计）	< 50	≤ 10	≤ 15	90 ~ 110	≤ 10	≤ 15	EDTA 滴定法 流动注射法
	> 50	≤ 8	≤ 10	95 ~ 105	≤ 5	≤ 10	EDTA 滴定法
溶解性总固体总矿化度全盐量	50 ~ 100	≤ 15	≤ 20	—	≤ 10	≤ 15	重量法
	> 100	≤ 10	≤ 15		≤ 5	≤ 10	
挥发酚	< 0.05	≤ 20	≤ 25	85 ~ 115	≤ 15	≤ 20	4 - 氨基安替比林光度法
	0.05 ~ 1.0	≤ 10	≤ 15	90 ~ 110	≤ 10	≤ 15	
	> 1.0	≤ 8	≤ 10	90 ~ 110	≤ 8	≤ 10	溴化容量法 4 - 氨基安替比林光度法
阴离子表面活性剂	< 0.2	≤ 20	≤ 25	85 ~ 115	≤ 20	≤ 25	亚甲蓝分光光度法
	0.2 ~ 0.5	≤ 15	≤ 20	85 ~ 115	≤ 15	≤ 20	
	> 0.5	≤ 15	≤ 20	90 ~ 110	≤ 10	≤ 15	亚甲蓝分光光度法 电位滴定法
氨氮	0.02 ~ 0.1	≤ 15	≤ 20	90 ~ 110	≤ 10	≤ 15	纳氏试剂光度法
	0.1 ~ 1.0	≤ 10	≤ 15	95 ~ 105	≤ 5	≤ 10	水杨酸分光光度法
	> 1.0	≤ 8	≤ 10	90 ~ 105	≤ 5	≤ 10	滴定法、电极法
亚硝酸盐氮	< 0.05	≤ 15	≤ 20	85 ~ 115	≤ 15	≤ 20	N -（1 - 萘基）- 乙二胺光度法
	0.05 ~ 0.2	≤ 10	≤ 15	90 ~ 110	≤ 8	≤ 15	离子色谱法 N -（1 - 萘基）- 乙二胺光度法
	> 0.2	≤ 8	≤ 10	95 ~ 105	≤ 8	≤ 10	离子色谱法
硝酸盐氮	< 0.5	≤ 15	≤ 20	85 ~ 115	≤ 15	≤ 20	酚二磺酸分光光度法 离子色谱法
	0.5 ~ 4	≤ 10	≤ 15	90 ~ 110	≤ 10	≤ 15	紫外分光光度法
	> 4	≤ 5	≤ 10	95 ~ 105	≤ 8	≤ 10	离子色谱法
凯氏氮	< 0.5	≤ 25	≤ 30	—	≤ 15	≤ 20	经消解、蒸馏，用纳氏试剂比色法、水杨酸比色法、滴定法测定
	> 0.5	≤ 20	≤ 25		≤ 10	≤ 15	
高锰酸盐指数	< 2.0	≤ 20	≤ 25		≤ 20	≤ 25	酸性法、碱性法
	> 2.0	≤ 15	≤ 20		≤ 15	≤ 20	

项目	样品含量范围（mg/L）	精密度（%）		准确度（%）			适用的监测分析方法
		室内（$\mid d_i / \bar{x} \mid$）	室间（$\bar{\bar{d}} / \bar{\bar{x}}$）	加标回收率	室内（$\mid RE \mid$）	室间（$\mid RE \mid$）	
溶解氧	<4.0	≤10	≤15	—	—	—	碘量法、电化学探头法
	>4.0	≤5	≤10	—	—	—	
化学需氧量	5~50	≤20	≤25	—	≤15	≤20	重铬酸盐法
	50~100	≤15	≤20	—	≤10	≤15	
	>100	≤10	≤15	—	≤5	≤10	
五日生化需氧量	<3	≤20	≤25	—	≤20	≤25	稀释与接种法
	3~100	≤15	≤20	—	≤15	≤20	
	>100	≤10	≤15	—	≤10	≤15	
氟化物	<1.0	≤10	≤15	90~110	≤10	≤15	离子选择电极法 氟试剂光度法 离子色谱法
	>1.0	≤8	≤10	95~105	≤5	≤10	
硒	<0.01	≤20	≤25	85~115	≤15	≤20	荧光分光光度法
	>0.01	≤15	≤20	90~110	≤10	≤15	原子荧光法
总砷	<0.05	≤15	≤25	85~115	≤15	≤20	新银盐光度法、原子荧光法 Ag·DDC 光度法
	>0.05	≤10	≤15	90~110	≤10	≤15	Ag·DDC 光度法
总汞	<0.001	≤30	≤40	85~115	≤15	≤20	冷原子吸收法 原子荧光法
	0.001~0.005	≤20	≤25	90~110	≤10	≤15	
	>0.005	≤15	≤20	90~110	≤10	≤15	冷原子吸收法、冷原子荧光法、双硫腙光度法
总镉	<0.005	≤15	≤20	85~115	≤10	≤15	石墨炉原子吸收法
	0.005~0.1	≤10	≤15	90~110	≤8	≤10	双硫腙光度法、阳极溶出伏安法、火焰原子吸收法
	>0.1	≤8	≤10	95~105	≤8	≤10	火焰原子吸收法、示波极谱法
六价铬	<0.01	≤15	≤20	90~110	≤10	≤15	二苯碳酰二肼光度法
	0.01~1.0	≤10	≤15	90~110	≤5	≤10	
	>1.0	≤5	≤10	90~105	≤5	≤10	

续表

项目	样品含量 范围 （mg/L）	精密度（%）		准确度（%）			适用的监测分析方法
		室内 （$\lvert d_i/\bar{x}\rvert$）	室间 （$\bar{d}/\bar{\bar{x}}$）	加标 回收率	室内 （$\lvert RE\rvert$）	室间 （$\lvert RE\rvert$）	
铅	<0.05	≤15	≤20	85～115	≤10	≤15	石墨炉原子吸收法
	0.05～1.0	≤10	≤15	90～110	≤8	≤10	双硫腙光度法、阳极溶出伏安法、 火焰原子吸收法
	>1.0	≤8	≤10	95～105	≤5	≤10	火焰原子吸收法
总氰化物	<0.05	≤20	≤25	85～115	≤15	≤20	异烟酸—吡唑啉酮光度法
	0.05～0.5	≤15	≤20	90～110	≤10	≤15	吡啶—巴比妥酸光度法
	>0.5	≤10	≤15	90～110	≤10	≤15	硝酸银滴定法

注：

1. 准确度控制用加标回收率和标准样（或质控样）最大允许相对误差（RE）表示。

2. 精密度控制以平行双样最大允许相对偏差表示。

3. 符号说明：

（1）d_i——绝对偏差，$d_i = x_i - \bar{x}$

式中：x_i——平行双样单个测定值；

$\bar{x}$——平行双样的均值，$\bar{x} = \dfrac{x_1 + x_2}{2}$。

（2）$\lvert d_i \rvert$——绝对偏差的绝对值

（3）$d_i/\bar{x}$——实验室内相对偏差，用%表示；$d_i/\bar{x} = \dfrac{x_1 - x_2}{x_1 + x_2} \times 100\%$

（4）$\bar{d} = \dfrac{1}{n} \sum\limits_{i=1}^{n} \lvert d_i \rvert = \dfrac{1}{n}(\lvert d_1 \rvert + \lvert d_2 \rvert + \cdots + \lvert d_n \rvert)$

$\bar{d}$为同一样品在实验室间平行双样绝对偏差绝对值之和的均值，又称平均偏差。

式中：n——为实验室总数。

（5）$\bar{d}/\bar{\bar{x}}$——室间相对平均偏差。

式中：$\bar{\bar{x}} = \sum\limits_{i=1}^{n} \bar{x}_i = \dfrac{1}{n}(\bar{x}_1 + \bar{x}_2 + \cdots + \bar{x}_n)$，即为同一样品在实验室间平行双样均值的总均值。

环境影响评价技术导则　地下水环境

1　适用范围

本标准规定了地下水环境影响评价的一般性原则、内容、工作程序、方法和要求。

本标准适用于以地下水作为供水水源及对地下水环境可能产生影响的建设项目的环境影响评价。

规划环境影响评价中的地下水环境影响评价可参照执行。

2　规范性引用文件

本标准内容引用了下列文件中的条款。凡是不注日期的引用文件，其有效版本适用于本标准。

GB14848　　　地下水质量标准

GB50027　　　供水水文地质勘察规范

HJ2.1　　　　环境影响评价技术导则　总纲

HJ19　　　　　环境影响评价技术导则　非污染生态影响

HJ/T164　　　地下水环境监测技术规范

HJ/T338　　　饮用水水源保护区划分技术规范

3　术语和定义

下列术语和定义适用于本标准。

3.1　地下水　groundwater/subsurface water

以各种形式埋藏在地壳空隙中的水，包括包气带和饱水带中的水。

3.2　包气带/非饱和带　vadose zone/unsaturated zone

地表与潜水面之间的地带。

3.3　饱水带　saturated zone

地下水面以下，土层或岩层的空隙全部被水充满的地带。含水层都位于饱水带中。

3.4　潜水　unconfined water/phreatic water

地表以下，第一个稳定隔水层以上具有自由水面的地下水。

3.5　承压水　confined water/artesian water

充满于上下两个隔水层之间的地下水，其承受压力大于大气压力。

3.6　地下水补给区　groundwater recharge zone

含水层（含水系统）从外界获得水量的区域。对于潜水含水层，补给区与含水层的分布区一致；对于承压含水层，裂隙水、岩溶水的基岩裸露区，山前冲洪积扇的单层砂卵砾石层的分布区都属于补给区。

3.7　地下水排泄区　groundwater discharge zone

含水层（含水系统）中地下水在自然条件或人为因素影响下失去水量的区域，如天然湿地分布区、地下水集中开采区、接受地下水补给的河流分布区等。

3.8　地下水径流区　groundwater flow zone

地下水从补给区到排泄区的中间区域。对于潜水含水层，径流区与补给区是一致的。

3.9　集中式饮用水水源地　centralized supply drinking water source

指进入输水管网送到用户的和具有一定供水规模（供水人口一般大于1000人）的饮用水水源地。

3.10　地下水背景值　background values of groundwater quality

又称地下水本底值。自然条件下地下水中各个化学组分在未受污染情况下的含量。

3.11　地下水污染　groundwater contamination/groundwater pollution

人为或自然原因导致地下水化学、物理、生物性质改变使地下水水质恶化的现象。

3.12　地下水污染对照值　control values of groundwater contamination

评价区域内历史记录最早的地下水水质指标统计值，或评价区域内受人类活动影响程度较小的地下水水质指标统计值。

3.13　环境水文地质问题　environmental hydrogeology problems

指因自然或人类活动而产生的与地下水有关的环境问题，如地面沉降、次生盐渍化、土地沙化等。

4　总则

4.1　建设项目分类

根据建设项目对地下水环境影响的特征，将建设项目分为以下三类。

Ⅰ类：指在项目建设、生产运行和服务期满后的各个过程中，可能造成地下水水质污染的建设项目；

Ⅱ类：指在项目建设、生产运行和服务期满后的各个过程中，可能引起地下水流场或地下水水位变化，并导致环境水文地质问题的建设项目；

Ⅲ类：指同时具备Ⅰ类和Ⅱ类建设项目环境影响特征的建设项目。

根据不同类型建设项目对地下水环境影响程度与范围的大小，将地下水环境影响评价工作分为一、二、三级。具体分级的原则与判据见第6章。

4.2　评价基本任务

地下水环境影响评价的基本任务包括：进行地下水环境现状评价，预测和评价建设项目实施过程中对地下水环境可能造成的直接影响和间接危害（包括地下水污染、地下水流场或地下水位变化），并针对这种影响和危害提出防治对策，预防与控制地下水环境恶化，保护地下水资源，为建设项目选址决策、工程设计和环境管理提供科学依据。

地下水环境影响评价应按本标准划分的评价工作等级，开展相应深度的评价工作。

4.3　工作程序

地下水环境影响评价工作可划分为准备、现状调查与工程分析、预测评价和报告编写四个阶段。

地下水环境影响评价工作程序见图1。

4.4　各阶段主要工作内容

4.4.1　准备阶段

收集和研究有关资料、法规文件；了解建设项目工程概况；进行初步工程分析；踏勘现场，对环境状况进行初步调查；初步分析建设项目对地下水环境的影响，确定评价工作等级和评价重点，并在此基础上编制地下水环境影响评价工作方案。

4.4.2　现状调查与工程分析阶段

开展现场调查、勘探、地下水监测、取样、分析、室内外试验和室内资料分析等，进行现状评价工作，同时进行工程分析。

4.4.3　预测评价阶段

进行地下水环境影响预测；依据国家、地方有关地下水环境管理的法规及标准，进行影响范围和程度的评价。

4.4.4　报告编写阶段

综合分析各阶段成果，提出地下水环境保护措施与防治对策，编写地下水环境影响专题报告。

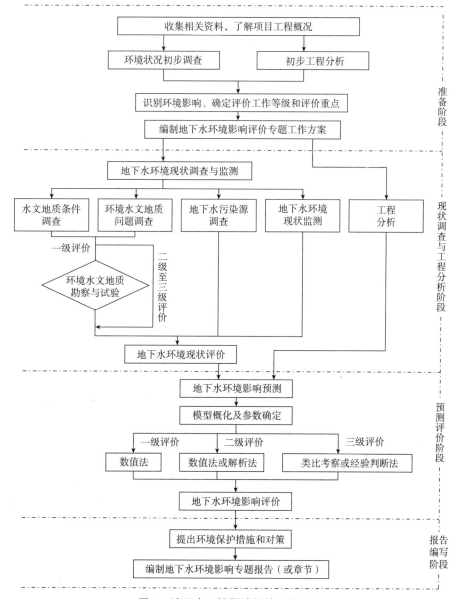

图1 地下水环境影响评价工作程序

5 地下水环境影响识别

5.1 基本要求

5.1.1 建设项目对地下水环境影响识别分析应在建设项目初步工程分析的基础上进行，在环境影响评价工作方案编制阶段完成。

5.1.2 应根据建设项目建设、生产运行和服务期满后三个阶段的工程特征，分别识别其正常与事故两种状态下的环境影响。

5.1.3 对于随着生产运行时间推移对地下水环境影响有可能加剧的建设项目，还应按生产运行初期、中期和后期分别进行环境影响识别。

5.2　识别方法

5.2.1 环境影响识别可采用矩阵法，参见附录 A。

5.2.2 典型建设项目的地下水环境影响，参见附录 B。

6　地下水环境影响评价工作分级

6.1　划分原则

Ⅰ类和Ⅱ类建设项目，分别根据其对地下水环境的影响类型、建设项目所处区域的环境特征及其环境影响程度划定评价工作等级。

Ⅲ类建设项目应根据建设项目所具有的Ⅰ类和Ⅱ类特征分别进行地下水环境影响评价工作等级划分，并按所划定的最高工作等级开展评价工作。

6.2　Ⅰ类建设项目工作等级划分

6.2.1　划分依据

6.2.1.1 Ⅰ类建设项目地下水环境影响评价工作等级的划分，应根据建设项目场地的包气带防污性能、含水层易污染特征、地下水环境敏感程度、污水排放量与污水水质复杂程度等指标确定。建设项目场地包括主体工程、辅助工程、公用工程、储运工程等涉及的场地。

6.2.1.2　建设项目场地的包气带防污性能

建设项目场地的包气带防污性能按包气带中岩（土）层的分布情况分为强、中、弱三级，分级原则见表1。

表1　包气带防污性能分级

分级	包气带岩（土）的渗透性能
强	岩（土）层单层厚度 $Mb \geq 1.0$m，渗透系数 $K \leq 10^{-7}$cm/s，且分布连续、稳定
中	岩（土）层单层厚度 0.5m $\leq Mb < 1.0$m，渗透系数 $K \leq 10^{-7}$cm/s，且分布连续、稳定
	岩（土）层单层厚度 $Mb \geq 1.0$m，渗透系数 10^{-7}cm/s $< K \leq 10^{-4}$cm/s，且分布连续、稳定
弱	岩（土）层不满足上述"强"和"中"条件

注：表中"岩（土）层"系指建设项目场地地下基础之下第一岩（土）层；包气带岩（土）的渗透系数系指包气带岩土饱水时的垂向渗透系数。

6.2.1.3　建设项目场地的含水层易污染特征

建设项目场地的含水层易污染特征分为易、中、不易三级，分级原则见表2。

表2 建设项目场地的含水层易污染特征分级

分级	项目场地所处位置与含水层易污染特征
易	潜水含水层且包气带岩性（如粗砂、砾石等）渗透性强的地区；地下水与地表水联系密切地区；不利于地下水中污染物稀释、自净的地区
中	多含水层系统且层间水力联系较密切的地区
不易	以上情形之外的其他地区

6.2.1.4 建设项目场地的地下水环境敏感程度

建设项目场地的地下水环境敏感程度可分为敏感、较敏感、不敏感三级，分级原则见表3。

表3 地下水环境敏感程度分级

分级	项目场地的地下水环境敏感特征
敏感	集中式饮用水水源地（包括已建成的在用、备用、应急水源地，在建和规划的水源地）准保护区；除集中式饮用水水源地以外的国家或地方政府设定的与地下水环境相关的其他保护区，如热水、矿泉水、温泉等特殊地下水资源保护区
较敏感	集中式饮用水水源地（包括已建成的在用、备用、应急水源地，在建和规划的水源地）准保护区以外的补给径流区；特殊地下水资源（如矿泉水、温泉等）保护区以外的分布区以及分散式居民饮用水水源等其他未列入上述敏感分级的环境敏感区*
不敏感	上述地区之外的其他地区

注：*表中"环境敏感区"系指《建设项目环境影响评价分类管理名录》中所界定的涉及地下水的环境敏感区，如建设项目场地的含水层（含水系统）处于补给区与径流区或径流区与排泄区的边界时，则敏感程度上调一级。

6.2.1.5 建设项目污水排放强度

建设项目污水排放强度可分为大、中、小三级，分级标准见表4。

表4 污水排放量分级

分级	污水排放总量（m³/d）
大	≥10000
中	1000~10000
小	≤1000

6.2.1.6 建设项目污水水质的复杂程度

根据建设项目所排污水中污染物类型和需预测的污水水质指标数量，将污水水质分为复杂、中等、简单三级，分级原则见表5。当根据污水中污染物类型所确定的污水水质复杂程度和根据污水水质指标数量所确定的污水水质复杂程度不一致时，取高级别的污水水质复杂程度级别。

表5 污水水质复杂程度分级

污水水质复杂程度级别	污染物类型	污水水质指标（个）
复杂	污染物类型数≥2	需预测的水质指标≥6
中等	污染物类型数≥2	需预测的水质指标<6
	污染物类型数=1	需预测的水质指标≥6
简单	污染物类型数=1	需预测的水质指标<6

6.2.2　Ⅰ类建设项目评价工作等级

6.2.2.1　Ⅰ类建设项目地下水环境影响评价工作等级的划分见表6。

6.2.2.2　对于利用废弃盐岩矿井洞穴或人工专制盐岩洞穴、废弃矿井巷道加水幕系统、人工硬岩洞库加水幕系统、地质条件较好的含水层储油、枯竭的油气层储油等形式的地下储油库，危险废物填埋场应进行一级评价，不按表6划分评价工作等级。

表6 Ⅰ类建设项目评价工作等级分级

评价级别	建设项目场地包气带防污性能	建设项目场地的含水层易污染特征	建设项目场地的地下水环境敏感程度	建设项目污水排放量	建设项目水质复杂程度
一级	弱—强	易—不易	敏感	大—小	复杂—简单
	弱	易	较敏感	大—小	复杂—简单
			不敏感	大	复杂—简单
				中	复杂—中等
				小	复杂
		中	较敏感	大—中	复杂—简单
				小	复杂—中等
			不敏感	大	
				中	复杂
		不易	较敏感	大	复杂—中等
				中	复杂
	中	易	较敏感	大	复杂—简单
				中	复杂—中等
				小	复杂
			不敏感	大	复杂
		中	较敏感	大	复杂—中等
				中	复杂
	强	易	较敏感	大	复杂

续表

评价级别	建设项目场地包气带防污性能	建设项目场地的含水层易污染特征	建设项目场地的地下水环境敏感程度	建设项目污水排放量	建设项目水质复杂程度
二级	除了一级和三级以外的其他组合				
三级	弱	不易	不敏感	中	简单
				小	中等—简单
	中	易	不敏感	小	简单
		中	不敏感	中	简单
				小	中等—简单
		不易	较敏感	中	简单
				小	中等—简单
			不敏感	大	中等—简单
				中—小	复杂—简单
	强	易	较敏感	小	简单
			不敏感	大	简单
				中	中等—简单
				小	复杂—简单
		中	较敏感	中	简单
				小	中等—简单
			不敏感	大	中等—简单
				中—小	复杂—简单
		不易	较敏感	大	中等—简单
				中—小	复杂—简单
			不敏感	大—小	复杂—简单

6.3　Ⅱ类建设项目工作等级划分

6.3.1　划分依据

6.3.1.1　Ⅱ类建设项目地下水环境影响评价工作等级的划分，应根据建设项目地下水供、排水（或注水）规模、引起的地下水水位变化范围、建设项目场地的地下水环境敏感程度以及可能造成的环境水文地质问题的大小等条件确定。

6.3.1.2　建设项目供水、排水（或注水）规模

建设项目地下水供水、排水（或注水）规模按水量的多少可分为大、中、小三级，分级标准见表7。

表7　地下水供水、排水（或注水）规模分级

分级	供水、排水（或注水）量（万 m^3/d）
大	≥1.0
中	0.2~1.0
小	≤0.2

6.3.1.3　建设项目引起的地下水水位变化区域范围

建设项目引起的地下水水位变化区域范围可用影响半径来表示，分为大、中、小三级，分级标准见表8。影响半径的确定方法可参见附录C。

表8　地下水水位变化区域范围分级

分级	地下水水位变化影响半径（km）
大	≥1.5
中	0.5~1.5
小	≤0.5

6.3.1.4　建设项目场地的地下水环境敏感程度

建设项目场地的地下水环境敏感程度可分为敏感、较敏感、不敏感三级，分级原则见表9。

表9　地下水环境敏感程度分级

分级	项目场地的地下水环境敏感程度
敏感	集中式饮用水水源地（包括已建成的在用、备用、应急水源地，在建和规划的水源地）准保护区；除集中式饮用水水源地以外的国家或地方政府设定的与地下水环境相关的其他保护区，如热水、矿泉水、温泉等特殊地下水资源保护区；生态脆弱区重点保护区域；地质灾害易发区[①]；重要湿地、水土流失重点防治区、沙化土地封禁保护区等
较敏感	集中式饮用水水源地（包括已建成的在用、备用、应急水源地，在建和规划的水源地）准保护区以外的补给径流区；特殊地下水资源（如矿泉水、温泉等）保护区以外的分布区以及分散式居民饮用水水源等其他未列入上述敏感分级的环境敏感区[②]
不敏感	上述地区之外的其他地区

注：①表中"地质灾害"系指因水文地质条件变化发生的地面沉降、岩溶塌陷等。②表中"环境敏感区"系指《建设项目环境影响评价分类管理名录》中所界定的涉及地下水的环境敏感区，如建设项目场地的含水层（含水系统）处于补给区与径流区或径流区与排泄区的边界时，则敏感程度上调一级。

6.3.1.5 建设项目造成的环境水文地质问题

建设项目造成的环境水文地质问题包括：区域地下水水位下降产生的土地次生荒漠化、地面沉降、地裂缝、岩溶塌陷、海水入侵、湿地退化等，以及灌溉导致局部地下水位上升产生的土壤次生盐渍化、次生沼泽化等，按其影响程度大小可分为强、中等、弱三级，分级原则见表10。

表10　环境水文地质问题分级

级别	可能造成的环境水文地质问题
强	产生地面沉降、地裂缝、岩溶塌陷、海水入侵、湿地退化、土地荒漠化等环境水文地质问题，含水层疏干现象明显，产生土壤盐渍化、沼泽化
中等	出现土壤盐渍化、沼泽化迹象
弱	无上述环境水文地质问题

6.3.2 Ⅱ类建设项目评价工作等级

Ⅱ类建设项目地下水环境影响评价工作等级的划分见表11。

表11　Ⅱ类建设项目评价工作等级分级

评价等级	建设项目供水、排水（或注水）规模	建设项目引起的地下水水位变化区域范围	建设项目场地的地下水环境敏感程度	建设项目造成的环境水文地质问题大小
一级	小—大	小—大	敏感	弱—强
	中等	中等	较敏感	强
		大	较敏感	中等—强
	大	大	较敏感	弱—强
			不敏感	强
		中	较敏感	中等—强
		小	较敏感	强
二级	除了一级和三级以外的其他组合			
三级	小—中	小—中	较敏感—不敏感	弱—中

7 地下水环境影响评价技术要求

7.1 一级评价要求

通过收集资料和环境现状调查，了解区域内多年的地下水动态变化规律，详细掌握建设项目场地的环境水文地质条件（给出的环境水文地质资料的调查精度应大于或等于 1/10000）及评价区域的环境水文地质条件（给出的环境水文地质资料的调查精度应大于或等于 1/50000）、污染源状况、地下水开采利用现状与规划，查明各含水层之间以及与地表水之间的水力联系，同时掌握评价区评价期内至少一个连续水文年的枯、平、丰水期的地下水动态变化特征；根据建设项目污染源特点及具体的环境水文地质条件有针对性地开展勘察试验，进行地下水环境现状评价；对地下水水质、水量采用数值法进行影响预测和评价，对环境水文地质问题进行定量或半定量的预测和评价，提出切实可行的环境保护措施。

7.2 二级评价要求

通过收集资料和环境现状调查，了解区域内多年的地下水动态变化规律，基本掌握建设项目场地的环境水文地质条件（给出的环境水文地质资料的调查精度应大于或等于 1/10000）及评价区域的环境水文地质条件（给出的环境水文地质资料的调查精度应大于或等于 1/50000）、污染源状况、项目所在区域的地下水开采利用现状与规划，查明各含水层之间以及与地表水之间的水力联系，同时掌握评价区至少一个连续水文年的枯、丰水期的地下水动态变化特征；结合建设项目污染源特点及具体的环境水文地质条件有针对性地补充必要的勘察试验，进行地下水环境现状评价；对地下水水质、水量采用数值法或解析法进行影响预测和评价，对环境水文地质问题进行半定量或定性的分析和评价，提出切实可行的环境保护措施。

7.3 三级评价要求

通过收集现有资料，说明地下水分布情况，了解当地的主要环境水文地质条件、污染源状况、项目所在区域的地下水开采利用现状与规划；了解建设项目环境影响评价区的环境水文地质条件，进行地下水环境现状评价；结合建设项目污染源特点及具体的环境水文地质条件有针对性地进行现状监测，通过回归分析、趋势外推、时序分析或类比预测分析等方法进行地下水影响分析与评价；提出切实可行的环境保护措施。

8 地下水环境现状调查与评价

8.1 调查与评价原则

8.1.1 地下水环境现状调查与评价工作应遵循资料收集与现场调查相结合、项目所在场地调查与类比考察相结合、现状监测与长期动态资料分析相结合的原则。

8.1.2 地下水环境现状调查与评价工作的深度应满足相应的工作级别要求。当现有资料不能满足要求时，应组织现场监测及环境水文地质勘察与试验。对一级评价，还可选用不同历史时期地形图以及航空、卫星图片进行遥感图像解译配合地面现状调查与评价。

8.1.3 对于地面工程建设项目应监测潜水含水层以及与其有水力联系的含水层，兼顾地表水体，对于地下工程建设项目应监测受其影响的相关含水层。对于改、扩建 I 类建设项目，必要时监测范围还应扩展到包气带。

8.2 调查与评价范围

8.2.1 基本要求

地下水环境现状调查与评价的范围以能说明地下水环境的基本状况为原则，并应满足环境影响预测和评价的要求。

8.2.2 I 类建设项目

8.2.2.1 I 类建设项目地下水环境现状调查与评价的范围可参考表 12 确定。此调查评价范围应包括与建设项目相关的环境保护目标和敏感区域，必要时还应扩展至完整的水文地质单元。

表 12 I 类建设项目地下水环境现状调查评价范围参考

评价等级	调查评价范围（km²）	备注
一级	≥50	环境水文地质条件复杂、含水层渗透性能较强的地区（如砂卵砾石含水层、岩溶含水系统等），调查评价范围可取较大值，否则可取较小值
二级	20～50	
三级	≤20	

8.2.2.2 当 I 类建设项目位于基岩地区时，一级评价以同一地下水文地质单元为调查评价范围，二级评价原则上以同一地下水水文地质单元或地下水块段为调查评价范围，三级评价以能说明地下水环境的基本情况，并满足环境影响预测和分析的要求为原则确定调查评价范围。

8.2.3 II 类建设项目

II 类建设项目地下水环境现状调查与评价的范围应包括建设项目建设、生产运行和服务期满后三个阶段的地下水水位变化的影响区域，其中应特别关注相关的环境保护目标和敏感区域，必要时扩展至完整的水文地质单元，以及可能与建设项目所在的水文地质单元存在直接补排关系的区域。

8.2.4 Ⅲ类建设项目

Ⅲ类建设项目地下水环境现状调查与评价的范围应同时包括8.2.2和8.2.3所确定的范围。

8.3 调查内容与要求

8.3.1 水文地质条件调查

水文地质条件调查的主要内容包括：

（a）气象、水文、土壤和植被状况。

（b）地层岩性、地质构造、地貌特征与矿产资源。

（c）包气带岩性、结构、厚度。

（d）含水层的岩性组成、厚度、渗透系数和富水程度；隔水层的岩性组成、厚度、渗透系数。

（e）地下水类型、地下水补给、径流和排泄条件。

（f）地下水水位、水质、水量、水温。

（g）泉的成因类型，出露位置、形成条件及泉水流量、水质、水温，开发利用情况。

（h）集中供水水源地和水源井的分布情况（包括开采层的成井密度、水井结构、深度以及开采历史）。

（i）地下水现状监测井的深度、结构以及成井历史、使用功能。

（j）地下水背景值（或地下水污染对照值）。

8.3.2 环境水文地质问题调查

环境水文地质问题调查的主要内容包括：

（a）原生环境水文地质问题：包括天然劣质水分布状况，以及由此引发的地方性疾病等环境问题。

（b）地下水开采过程中水质、水量、水位的变化情况，以及引起的环境水文地质问题。

（c）与地下水有关的其他人类活动情况调查，如保护区划分情况等。

8.3.3 地下水污染源调查

8.3.3.1 调查原则

（a）对已有污染源调查资料的地区，一般可通过收集现有资料解决。

（b）对于没有污染源调查资料，或已有部分调查资料，尚需补充调查的地区，可与环境水文地质问题调查同步进行。

（c）对调查区内的工业污染源，应按原国家环保总局《工业污染源调查技术要求及其建档技术规定》的要求进行调查。对分散在评价区的非工业污染源，可根据污染源的特点，参照上述规定进行调查。

8.3.3.2 调查对象

地下水污染源主要包括工业污染源、生活污染源、农业污染源。

调查重点主要包括废水排放口、渗坑、渗井、污水池、排污渠、污灌区、已被污染的河流、湖泊、水库和固体废物堆放（填埋）场等。

8.3.3.3 不同类型污染源调查要点

（a）对工业或生活废（污）水污染源中的排放口，应测定其位置，了解和调查其排放量及渗漏量、排放方式（如连续或瞬时排放）、排放途径和去向、主要污染物及其浓度、废水的处理和综合利用状况等。

（b）对排污渠和已被污染的小型河流、水库等，除按地表水监测的有关规定进行流量、水质等调查外，还应选择有代表性的渠（河）段进行渗漏量和影响范围调查。

（c）对污水池和污水库应调查其结构和功能，测定其蓄水面积与容积，了解池（库）底的物质组成或地层岩性以及与地下水的补排关系，进水来源、出水去向和用途、进出水量和水质及其动态变化情况，池（库）内水位标高与其周围地下水的水位差，坝堤、坝基和池（库）底的防渗设施和渗漏情况，以及渗漏水对周边地下水质的污染影响。

（d）对于农业污染源，重点应调查和了解施用农药、化肥情况。对于污灌区，重点应调查和了解污灌区的土壤类型、污灌面积、污灌水源、水质、污灌量、灌溉制度与方式及施用农药、化肥情况。必要时可补做渗水试验，以便了解单位面积渗水量。

（e）对工业固体废物堆放（填埋）场，应测定其位置、堆积面积、堆积高度、堆积量等，并了解其底部、侧部渗透性能及防渗情况，同时采取有代表性的样品进行浸溶试验、土柱淋滤试验，了解废物的有害成分、可浸出量、雨后淋滤水中污染物种类、浓度和入渗情况。

（f）对生活污染源中的生活垃圾、粪便等，应调查了解其物质组成及排放、储存、处理利用状况。

（g）对于改、扩建Ⅰ类建设项目，还应对建设项目场地所在区域可能污染的部位（如物料装卸区、储存区、事故池等）开展包气带污染调查，包气带污染调查取样深度一般在地面以下 25～80cm 即可。但是，当调查点所在位置一定深度之下有埋藏的排污系统或储藏污染物的容器时，取样深度应至少达到排污系或储藏污染物的容器底部以下。

8.3.3.4　调查因子

地下水污染源调查因子应根据拟建项目的污染特征选定。

8.3.4　地下水环境现状监测

8.3.4.1　地下水环境现状监测主要通过对地下水水位、水质的动态监测，了解和查明地下水水流与地下水化学组分的空间分布现状和发展趋势，为地下水环境现状评价和环境影响预测提供基础资料。

8.3.4.2　对于Ⅰ类建设项目应同时监测地下水水位、水质。对于Ⅱ类建设项目应监测地下水水位，涉及可能造成土壤盐渍化的Ⅱ类建设项目，也应监测相应的地下水水质指标。

8.3.4.3　现状监测井点的布设原则

（a）地下水环境现状监测井点采用控制性布点与功能性布点相结合的布设原则。监测井点应主要布设在建设项目场地、周围环境敏感点、地下水污染源、主要现状环境水文地质问题以及对于确定边界条件有控制意义的地点。对于Ⅰ类和Ⅲ类改、扩建项目，当现有监测井不能满足监测位置和监测深度要求时，应布设新的地下水现状监测井。

（b）监测井点的层位应以潜水和可能受建设项目影响的有开发利用价值的含水层为主。潜水监测井不得穿透潜水隔水底板，承压水监测井中的目的层与其他含水层之间应止水良好。

（c）一般情况下，地下水水位监测点数应大于相应评价级别地下水水质监测点数的 2 倍以上。

（d）地下水水质监测点布设的具体要求：

1）一级评价项目目的含水层的水质监测点应不少于 7 个点/层。评价区面积大于 $100km^2$ 时，每增加 $15km^2$ 水质监测点应至少增加 1 个点/层。

一般要求建设项目场地上游和两侧的地下水水质监测点各不得少于 1 个点/层，建设项目场地及其下游影响区的地下水水质监测点不得少于 3 个点/层。

2）二级评价项目目的含水层的水质监测点应不少于 5 个点/层。评价区面积大于 $100km^2$ 时，每增加 $20km^2$ 水质监测点应至少增加 1 个点/层。

一般要求建设项目场地上游和两侧的地下水水质监测点各不得少于 1 个点/层，建设项目场地及其下游影响区的地下水水质监测点不得少于 2 个点/层。

3）三级评价项目目的含水层的水质监测点应不少于 3 个点/层。

一般要求建设项目场地上游水质监测点不得少于 1 个点/层，建设项目场地及其下游影响区的地下水水质监测点不得少于 2 个点/层。

8.3.4.4　地下水水质现状监测点取样深度的确定

（a）评价级别为一级的Ⅰ类和Ⅲ类建设项目，对地下水监测井（孔）点应进行定深水质取样，具体要求：

1）地下水监测井中水深小于 20m 时，取两个水质样品，取样点深度应分别在井水位以下 1.0m 之内和井水位以下井水深度约 3/4 处。

2）地下水监测井中水深大于 20m 时，取三个水质样品，取样点深度应分别在井水位以下 1.0m 之内、井水位以下井水深度约 1/2 处和井水位以下井水深度约 3/4 处。

（b）评价级别为二、三级Ⅰ类、Ⅲ类建设项目和所有评价级别的Ⅱ类建设项目，只取一个水质样品，取样点深度应在井水位以下 1.0m 之内。

8.3.4.5　地下水水质现状监测项目的选择

应根据建设项目行业污水特点、评价等级、存在或可能引发的环境水文地质问题而确定。即评价等级较高，环境水文地质条件复杂的地区可适当多取；反之可适当减少。

8.3.4.6　现状监测频率要求

（a）评价等级为一级的建设项目，应在评价期内至少分别对一个连续水文年的枯、平、丰水期的地下水水位、水质各监测一次。

（b）评价等级为二级的建设项目，对于新建项目，若有近 3 年内至少一个连续水文年的枯、丰水期监测资料，应在评价期内至少进行一次地下水水位、水质监测。对于改、扩建项目，若掌握现有工程建成后近 3 年内至少一个连续水文年的枯、丰水期观测资料，应在评价期内至少进行一次地下水水位、水质监测。

若无上述监测资料，应在评价期内分别对一个连续水文年的枯、丰水期的地下水水位、水质各监测一次。

（c）评价等级为三级的建设项目，应至少在评价期内监测一次地下水水位、水质，并尽可能在枯水期进行。

8.3.4.7　地下水水质样品采集与现场测定

（a）地下水水质样品应采用自动式采样泵或人工活塞闭合式与敞口式定深采样器进行采集。

（b）样品采集前，应先测量井孔地下水水位（或地下水水位埋藏深度）并做好记录，然后采用潜水泵或离心泵对采样井（孔）进行全井孔清洗，抽汲的水量不得小于 3 倍的井筒水（量）体积。

（c）地下水水质样品的管理、分析化验和质量控制按 HJ/T164《地下水环境监测技术规范》执行。pH、DO、水温等不稳定项目应在现场测定。

8.3.5 环境水文地质勘察与试验

8.3.5.1 环境水文地质勘察与试验是在充分收集已有相关资料和地下水环境现状调查的基础上，针对某些需要进一步查明的环境水文地质问题和为获取预测评价中必要的水文地质参数而进行的工作。

8.3.5.2 除一级评价应进行环境水文地质勘察与试验外，对环境水文地质条件复杂而又缺少资料的地区，二级、三级评价也应在区域水文地质调查的基础上对评价区进行必要的水文地质勘察。

8.3.5.3 环境水文地质勘察可采用钻探、物探和水土化学分析以及室内外测试、试验等手段，具体参见相关标准与规范。

8.3.5.4 环境水文地质试验项目通常有抽水试验、注水试验、渗水试验、浸溶试验、土柱淋滤试验、弥散试验、流速试验（连通试验）、地下水含水层储能试验等，有关试验原则与方法参见附录 E。在地下水环境影响评价工作中可根据评价等级及资料占有程度等实际情况选用。

8.3.5.5 进行环境水文地质勘察时，除采用常规方法外，可配合地球物理方法进行勘察。

8.4 环境现状评价

8.4.1 污染源整理与分析

8.4.1.1 按评价中所确定的地下水质量标准对污染源进行等标污染负荷比计算；将累计等标污染负荷比大于 70% 的污染源（或污染物）定为评价区的主要污染源（或主要污染物）；通过等标污染负荷比分析，列表给出主要污染源和主要污染因子，并附污染源分布图。

8.4.1.2 等标污染负荷（P_{ij}）计算公式：

$$P_{ij} = \frac{C_{ij}}{C_{0ij}} Q_j \tag{1}$$

式中：

P_{ij}——第 j 个污染源废水中第 i 种污染物等标污染负荷，m^3/a；

C_{ij}——第 j 个污染源废水中第 i 种污染物排放的平均浓度，mg/L；

C_{0ij}——第 j 个污染源废水中第 i 种污染物排放标准浓度，mg/L；

Q_j——第 j 个污染源废水的单位时间排放量，m^3/a。

若第 j 个污染源共有 n 种污染物参与评价，则该污染源的总等标污染负荷计算公式：

$$P_j = \sum_{i=1}^{n} P_{ij} \tag{2}$$

式中：

P_j——第 j 个污染源的总等标污染负荷，m^3/a。

若评价区共有 m 个污染源中含有第 i 种污染物，则该污染物的总等标污染负荷计算公式：

$$P_i = \sum_{i=1}^{m} P_{ij} \tag{3}$$

式中：

P_i——第 i 种污染源的总等标污染负荷，m^3/a。

若评价区共有 m 个污染源，n 种污染物，则评价区污染物的总等标污染负荷计算公式：

$$P = \sum_{j=1}^{m} \sum_{i=1}^{n} P_{ij} \tag{4}$$

式中：

P——评价区污染物的总等标污染负荷，m^3/a。

8.4.1.3 等标污染负荷比（K_{ij}）计算公式：

$$K_{ij} = \frac{P_{ij}}{P} \tag{5}$$

式中：

K_{ij}——第 j 个污染源中第 i 种污染物的等标污染负荷比，无量纲；

P_{ij}——第 j 个污染源废水中第 i 种污染物等标污染负荷，m^3/a；

P——评价区污染物的总等标污染负荷，m^3/a。

$$K_j = \sum_{i=1}^{n} K_{ij} = \frac{\sum\limits_{i=1}^{n} P_{ij}}{P} \tag{6}$$

式中：

K_j——评价区第 j 个污染源的等标污染负荷比，无量纲；

P_{ij}——第 j 个污染源废水中第 i 种污染物等标污染负荷，m^3/a；

P——评价区污染物的总等标污染负荷，m^3/a。

$$K_i = \sum_{j=1}^{m} K_{ij} = \frac{\sum\limits_{j=1}^{m} P_{ij}}{P} \tag{7}$$

式中：

K_i——评价区第 i 个污染源的等标污染负荷比，无量纲；

P_{ij}——第 j 个污染源废水中第 i 种污染物等标污染负荷，m^3/a；

P——评价区污染物的总等标污染负荷，m^3/a。

8.4.1.4　包气带污染分析

对于改、扩建 I 类和 III 类建设项目，应根据建设项目场地包气带污染调查结果开展包气带水、土污染分析，并作为地下水环境影响预测的基础。

8.4.2　地下水水质现状评价

8.4.2.1 根据现状监测结果进行最大值、最小值、均值、标准差、检出率和超标率的分析。

8.4.2.2 地下水水质现状评价应采用标准指数法进行评价。标准指数 >1，表明该水质因子已超过了规定的水质标准，指数值越大，超标越严重。标准指数计算公式分为以下两种情况：

a）对于评价标准为定值的水质因子，其标准指数计算公式：

$$P_i = \frac{C_i}{C_{si}} \tag{8}$$

式中：

P_i——第 i 个水质因子的标准指数，无量纲；

C_i——第 i 个水质因子的监测浓度值，mg/L；

C_{si}——第 i 个水质因子的标准浓度值，mg/L。

b）对于评价标准为区间值的水质因子（如 pH），其标准指数计算公式：

$$P_{pH} = \frac{7.0 - pH}{7.0 - pH_{sd}} \qquad pH \leqslant 7 \text{ 时} \tag{9}$$

$$P_{pH} = \frac{pH - 7.0}{pH_{su} - 7.0} \qquad pH > 7 \text{ 时} \tag{10}$$

式中：

P_{pH}——pH 的标准指数，无量纲；

pH——pH 监测值；

pH_{su}——标准中 pH 的上限值；

pH_{sd}——标准中 pH 的下限值。

8.4.3　环境水文地质问题的分析

8.4.3.1 环境水文地质问题的分析应根据水文地质条件及环境水文地质调查结果进行。

8.4.3.2 区域地下水水位降落漏斗状况分析，应叙述地下水水位降落漏斗的面积、漏斗中心水位的下降幅度、下降速度及其与地下水开采量时空分布的关系，单井出水量的变化情况，含水层疏干面积等，阐明地下水降落漏斗的形成、发展过程，为发展趋势预测提供依据。

8.4.3.3 地面沉降、地裂缝状况分析，应叙述沉降面积、沉降漏斗的沉降量（累计沉降量、年沉降量）等及其与地下水降落漏斗、开采（包括回灌）量时空分布变化的关系，阐明地面沉降的形成、发展过程及危害程度，为发展趋势预测提供依据。

8.4.3.4 岩溶塌陷状况分析，应叙述与地下水相关的塌陷发生的历史过程、密度、规模、分布及其与人类活动（如采矿、地下水开采等）时空变化的关系，并结合地质构造、岩溶发育等因素，阐明岩溶塌陷发生、发展规律及危害程度。

8.4.3.5 土壤盐渍化、沼泽化、湿地退化、土地荒漠化分析，应叙述与土壤盐渍化、沼泽化、湿地退化、土地荒漠化发生相关的地下水位、土壤蒸发量、土壤盐分的动态分布及其与人类活动（如地下水回灌过量、地下水过量开采）时空变化的关系，并结合包气带岩性、结构特征等因素，阐明土壤盐渍化、沼泽化、湿地退化、土地荒漠化发生、发展规律及危害程度。

9 地下水环境影响预测

9.1 预测原则

9.1.1 建设项目地下水环境影响预测应遵循 HJ2.1 中确定的原则进行。考虑到地下水环境污染的隐蔽性和难恢复性，还应遵循环境安全性原则，预测应为评价各方案的环境安全和环境保护措施的合理性提供依据。

9.1.2 预测的范围、时段、内容和方法均应根据评价工作等级、工程特征与环境特征，结合当地环境功能和环保要求确定，应以拟建项目对地下水水质、水位、水量动态变化的影响及由此而产生的主要环境水文地质问题为重点。

9.1.3 I 类建设项目，对工程可行性研究和评价中提出的不同选址（选线）方案，或多个排污方案等所引起的地下水环境质量变化应分别进行预测，同时给出污染物正常排放和事故排放两种工况的预测结果。

9.1.4 II 类建设项目，应遵循保护地下水资源与环境的原则，对工程可行性研究中提出的不同选址方案，或不同开采方案等所引起的水位变化及其影响范围应分别进行预测。

9.1.5 III 类建设项目，应同时满足 9.1.3 和 9.1.4 的要求。

9.2 预测范围

9.2.1 地下水环境影响预测的范围可与现状调查范围相同，但应包括保护目标和环境影响的敏感区域，必要时扩展至完整的水文地质单元，以及可能与建设项目所在的水文地质单元存在直接补排关系的区域。

9.2.2 预测重点应包括：

（a）已有、拟建和规划的地下水供水水源区。

（b）主要污水排放口和固体废物堆放处的地下水下游区域。

（c）地下水环境影响的敏感区域（如重要湿地、与地下水相关的自然保护区和地质遗迹等）。

（d）可能出现环境水文地质问题的主要区域。

（e）其他需要重点保护的区域。

9.3 预测时段

地下水环境影响预测时段应包括建设项目建设、生产运行和服务期满后三个阶段。

9.4 预测因子

9.4.1 I 类建设项目

I 类建设项目预测因子应选取与拟建项目排放的污染物有关的特征因子，选取重点应包括：

（a）改、扩建项目已经排放的及将要排放的主要污染物。

（b）难降解、易生物蓄积、长期接触对人体和生物产生危害作用的污染物、持久性有机污染物。

（c）国家或地方要求控制的污染物。

（d）反映地下水循环特征和水质成因类型的常规项目或超标项目。

9.4.2 II 类建设项目

II 类建设项目预测因子应选取水位及与水位变化所引发的环境水文地质问题相关的因子。

9.5 预测方法

9.5.1 建设项目地下水环境影响预测方法包括数学模型法和类比预测法。其中，数学模型法包括数值法、解析法、均衡法、回归分析、趋势外推、时序分析等方法。常用的地下水预测模型参见附录 F。

9.5.2 一级评价应采用数值法；二级评价中水文地质条件复杂时应采用数值法，水文地质条件简单时可采用解析法；三级评价可采用回归分析、趋势外推、时序分析或类比预测法。

9.5.3 采用数值法或解析法预测时，应先进行参数识别和模型验证。

9.5.4 采用解析模型预测污染物在含水层中的扩散时，一般应满足以下条件：

（a）污染物的排放对地下水流场没有明显的影响。

（b）预测区内含水层的基本参数（如渗透系数、有效孔隙度等）不变或变化很小。

9.5.5 采用类比预测分析法时，应给出具体的类比条件。类比分析对象与拟预测对象之间应满足以下要求：

（a）两者的环境水文地质条件、水动力场条件相似。

（b）两者的工程特征及对地下水环境的影响具有相似性。

9.6　预测模型概化

9.6.1　水文地质条件概化

应根据评价等级选用的预测方法，结合含水介质结构特征，地下水补、径、排条件，边界条件及参数类型来进行水文地质条件概化。

9.6.2　污染源概化

污染源概化包括排放形式与排放规律的概化。根据污染源的具体情况，排放形式可以概化为点源或面源；排放规律可以简化为连续恒定排放或非连续恒定排放。

9.6.3　水文地质参数值的确定

9.6.3.1 对于一级评价建设项目，地下水水量（水位）、水质预测所需用的含水层渗透系数、释水系数、给水度和弥散度等参数值应通过现场试验获取；对于二、三级评价建设项目，水文地质参数可从评价区以往环境水文地质勘察成果资料中选定，或依据相邻地区和类比区最新的勘察成果资料确定。

10　地下水环境影响评价

10.1　评价原则

10.1.1 评价应以地下水环境现状调查和地下水环境影响预测结果为依据，对建设项目不同选址（选线）方案、各实施阶段（建设、生产运行和服务期满后）不同排污方案及不同防渗措施下的地下水环境影响进行评价，并通过评价结果的对比，推荐地下水环境影响最小的方案。

10.1.2 地下水环境影响评价采用的预测值未包括环境质量现状值时，应叠加环境质量现状值后再进行评价。

10.1.3 Ⅰ类建设项目应重点评价建设项目污染源对地下水环境保护目标（包括已建成的在用、备用、应急水源地，在建和规划的水源地、生态环境脆弱区域和其他地下水环境敏感区域）的影响。评价因子同影响预测因子。

10.1.4 Ⅱ类建设项目应重点依据地下水流场变化，评价地下水水位（水头）降低或升高诱发的环境水文地质问题的影响程度和范围。

10.2 评价范围

地下水环境影响评价范围与环境影响预测范围相同。

10.3 评价方法

10.3.1 Ⅰ类建设项目的地下水水质影响评价，可采用标准指数法进行评价，具体方法见8.4.2。

10.3.2 Ⅱ类建设项目评价其导致的环境水文地质问题时，可采用预测水位与现状调查水位相比较的方法进行评价，具体方法如下：

（a）地下水位降落漏斗：对水位不能恢复、持续下降的疏干漏斗，采用中心水位降和水位下降速率进行评价。

（b）土壤盐渍化、沼泽化、湿地退化、土地荒漠化、地面沉降、地裂缝、岩溶塌陷：根据地下水水位变化速率、变化幅度、水质及岩性等分析其发展的趋势。

10.4 评价要求

10.4.1 Ⅰ类建设项目

评价Ⅰ类建设项目对地下水水质影响时，可采用以下判据评价水质能否满足地下水环境质量标准要求。

（a）以下情况应得出可以满足地下水环境质量标准要求的结论：

1）建设项目在各个不同生产阶段、除污染源附近小范围以外地区，均能达到地下水环境质量标准要求。

2）在建设项目实施的某个阶段，有个别水质因子在较大范围内出现超标，但采取环保措施后，可满足地下水环境质量标准要求。

（b）以下情况应做出不能满足地下水环境质量标准要求的结论：

1）新建项目将要排放的主要污染物，改、扩建项目已经排放的及将要排放的主要污染物，在采取防治措施后，仍然造成评价范围内的地下水环境质量超标。

2）污染防治措施在技术上不可行，或在经济上明显不合理。

10.4.2 Ⅱ类建设项目

评价Ⅱ类建设项目对地下水流场或地下水水位（水头）影响时，应依据地下水资源补采平衡的原则，评价地下水开发利用的合理性及可能出现的环境水文地质问题的类型、性质及其影响的范围、特征和程度等。

10.4.3 Ⅲ类建设项目

Ⅲ类建设项目的环境影响分析应按照 10.4.1 和 10.4.2 进行。

11 地下水环境保护措施与对策

11.1 基本要求

11.1.1 地下水保护措施与对策应符合《中华人民共和国水污染防治法》的相关规定，按照"源头控制，分区防治，污染监控，应急响应"、突出饮用水安全的原则确定。

11.1.2 环保对策措施建议应根据Ⅰ类、Ⅱ类和Ⅲ类建设项目各自的特点以及建设项目所在区域环境现状、环境影响预测与评价结果，在评价工程可行性研究中提出的污染防治对策有效性的基础上，提出需要增加或完善的地下水环境保护措施和对策。

11.1.3 改、扩建项目还应针对现有的环境水文地质问题、地下水水质污染问题，提出"以新带老"的对策和措施。

11.1.4 给出各项地下水环境保护措施与对策的实施效果，列表明确各项具体措施的投资估算，并分析其技术、经济可行性。

11.2 建设项目污染防治对策

11.2.1 Ⅰ类建设项目污染防治对策

Ⅰ类建设项目场地污染防治对策应从以下方面考虑：

（a）源头控制措施。主要包括提出实施清洁生产及各类废物循环利用的具体方案，减少污染物的排放量；提出工艺、管道、设备、污水储存及处理构筑物应采取的控制措施，防止污染物的跑、冒、滴、漏，将污染物泄漏的环境风险事故降到最低限度。

（b）分区防治措施。结合建设项目各生产设备、管廊或管线、贮存与运输装置、污染物贮存与处理装置、事故应急装置等的布局，根据可能进入地下水环境的各种有毒有害原辅材料、中间物料和产品的泄漏（含跑、冒、滴、漏）量及其他各类污染物的性质、产生量和排放量，划分污染防治区，提出不同区域的地面防渗方案，给出具体的防渗材料及防渗标准要求，建立防渗设施的检漏系统。

（c）地下水污染监控。建立场地区地下水环境监控体系，包括建立地下水污染监控制度和环境管理体系、制订监测计划、配备先进的检测仪器和设备，以便及时发现问题，及时采取措施。

地下水监测计划应包括监测孔位置、孔深、监测井结构、监测层位、监测项目、监测频率等。

（d）风险事故应急响应。制订地下水风险事故应急响应预案，明确风险事故状态下应采取的封闭、截流等措施，提出防止受污染的地下水扩散和对受污染的地下水进行治理的具体方案。

11.2.2　Ⅱ类建设项目地下水保护与环境水文地质问题减缓措施

（a）以均衡开采为原则，提出防止地下水资源超量开采的具体措施，以及控制资源开采过程中由于地下水水位变化诱发的湿地退化、地面沉降、岩溶塌陷、地面裂缝等环境水文地质问题产生的具体措施。

（b）建立地下水动态监测系统，并根据项目建设所诱发的环境水文地质问题制订相应的监测方案。

（c）针对建设项目可能引发的其他环境水文地质问题提出应对预案。

11.3　环境管理对策

11.3.1　提出合理、可行、可操作性强的防治地下水污染的环境管理体系，包括环境监测方案和向环境保护行政主管部门报告等制度。

11.3.2　环境监测方案应包括：

（a）对建设项目的主要污染源、影响区域、主要保护目标和与环保措施运行效果有关的内容提出具体的监测计划。一般应包括：监测井点布置和取样深度、监测的水质项目和监测频率等。

（b）根据环境管理对监测工作的需要，提出有关环境监测机构和人员装备的建议。

11.3.3　向环境保护行政主管部门报告的制度应包括：

（a）报告的方式、程序及频次等，特别应提出污染事故的报告要求。

（b）报告的内容一般应包括：所在场地及其影响区地下水环境监测数据，排放污染物的种类、数量、浓度，以及排放设施、治理措施运行状况和运行效果等。

12　地下水环境影响评价专题文件的编写

12.1　地下水环境影响评价专题工作方案

12.1.1　评价工作方案是具体指导建设项目环境影响评价工作的技术文件，应重点明确开展地下水评价工作的具体内容及实施方案，应尽可能具体、详细。

12. 1. 2　评价工作方案一般应在充分研读有关文件、进行初步的工程分析和环境现状调查后编制。

12. 1. 3　地下水环境影响评价专题工作方案一般应包括下列内容：

（a）拟建项目概况，初步工程分析。重点给出与地下水环境影响相关的内容，如建设项目建设、生产运行和服务期满后污染源基本情况、排放状况和地下水污染途径等。

（b）拟建项目所在区域的地下水环境概况。重点说明已了解的评价区水文地质条件，环境水文地质问题，地下水环境敏感目标情况，地下水环境功能及执行标准等内容。

（c）识别拟建项目地下水环境影响，确定评价因子和评价重点。

（d）确定拟建项目地下水环境影响评价工作等级和评价范围。

（e）给出地下水环境现状调查与监测方法，包括调查与监测内容、范围，监测井点分布和取样深度、监测时段及监测频次。需要进行环境水文地质勘察与试验的，还应说明勘察与试验的具体方法及技术要求。

（f）明确地下水环境影响预测方法、预测模型、预测内容、预测范围、预测时段及有关参数的估值方法等。

（g）给出地下水环境影响评价方法，拟提出的结论和建议的基本内容。

（h）评价工作的组织、计划安排和经费概算。

（i）附必要的图表和照片。

12. 2　地下水环境影响专题报告（或章节）

12. 2. 1　专题报告书应全面、概括地反映地下水环境影响评价的全部工作，文字应简洁、准确，同时辅以图表和照片，以使提出的资料和评价内容清楚，论点明确，利于阅读和审查。

12. 2. 2　专题报告书应根据建设项目对地下水环境影响评价的最终结果，说明建设项目对地下水环境影响的性质、特征、范围、程度，得出建设项目在建设、生产运行和服务期满后不同实施阶段能否满足地下水环境保护要求的结论；提出完善环保措施的对策与建议。

12. 2. 3　地下水环境影响专题报告应包括下列内容：

（a）总论。包括编制依据、地下水环境功能、评价执行标准及保护目标、地下水评价工作等级、评价范围等。

（b）拟建项目概况与工程分析。详细论述与地下水环境影响相关的内容，重点分析给出污染源情况、排放状况和地下水污染途径等，以及项目可行性研究报告中提出的地下水环境保护措施。

（c）地下水环境现状调查与评价。论述拟建项目所在区域的环境状况，重点说明区域水文地质条件，环境水文地质问题及区域污染源状况。说明地下水环境监测的范围，监测井点分布和取样深度、监测时段及监测频次，评价地下水超达标情况，分析超标原因。

（d）地下水环境影响预测与评价。明确地下水环境影响预测方法、预测模型、预测内容、预测范围、预测时段，模型概化及水文地质参数的确定方法及具体取值等，重点给出具体预测结果。依据相关标准评价建设项目在不同实施阶段、不同工况下对地下水水质的影响程度、影响范围，或评价地下水开发利用的合理性及可能出现的环境水文地质问题的类型、性质及其影响的范围、特征和程度等。

（e）在评价项目可行性研究报告中提出的地下水环境保护措施有效性及可行性的基础上，提出需要增加的、适用于拟建项目地下水污染防治和地下水资源保护的对策和具体措施，给出各项措施的实施效果及投资估算，并分析其经济、技术的可行性。提出针对该拟建项目的地下水污染和地下水资源保护管理及监测方面的建议。

（f）评价结论及建议。

（g）附必要的图表和照片。如拟建项目所在区域地理位置图、敏感点分布图、环境水文地质图、地下水等水位线图和拟建项目特征污染因子预测浓度等值线图等。

附录 A

（资料性附录）

不同类型建设项目地下水环境影响识别

不同类型建设项目地下水环境影响识别矩阵见表 A.1。

表 A.1　不同类型建设项目地下水环境影响识别矩阵

水环境指标及环境水文地质问题 / 建设行为		地下水水质与水温						地下水水位								
		常规指标污染	重金属污染	有机污染	放射性污染	热污染	冷污染	区域水位下降	水资源衰竭	泉流量衰减	地面沉降塌陷	土壤次生荒漠化	土壤次生盐渍化	土壤次生沼泽化	咸水入侵	海水倒灌
Ⅰ类建设项目	建设阶段															
	生产运行阶段															
	服务期满后															
Ⅱ类建设项目	建设阶段															
	生产运行阶段															
	服务期满后															

附录 B

（资料性附录）

典型建设项目地下水环境影响

B.1 工业类项目

B.1.1 废水的渗漏对地下水水质的影响；

B.1.2 固体废物对土壤、地下水水质的影响；

B.1.3 废水渗漏引起地下水水位、水量变化而产生的环境水文地质问题；

B.1.4 地下水供水水源地产生的区域水位下降而产生的环境水文地质问题。

B.2 固体废物填埋场工程

B.2.1 固体废物对土壤的影响；

B.2.2 固体废物渗滤液对地下水水质的影响。

B.3 污水土地处理工程

B.3.1 污水土地处理对地下水水质的影响；

B.3.2 污水土地处理对地下水水位的影响；

B.3.3 污水土地处理对土壤的影响。

B.4 地下水集中供水水源地开发建设及调水工程

B.4.1 水源地开发（或调水）对区域（或调水工程沿线）地下水水位、水质、水资源量的影响；

B.4.2 水源地开发（或调水）引起地下水水位变化而产生的环境水文地质问题；

B.4.3 水源地开发（或调水）对地下水水质的影响。

B.5 水利水电工程

B.5.1 水库和坝基渗漏对上、下游地区地下水水位、水质的影响；

B.5.2 渠道工程和大型跨流域调水工程，在施工和运行期间对地下水水位、水质、水资源量的影响；

B.5.3 水利水电工程可能引起的土地沙漠化、盐渍化、沼泽化等环境水文地质问题。

B.6 地下水库建设工程

B.6.1 地下水库的补给水源对地下水水位、水质、水资源量的影响；

B.6.2 地下水库的水位和水质变化对其他相邻含水层水位、水质的影响；

B.6.3 地下水库的水位变化对建筑物地基的影响；

B.6.4 地下水库的水位变化可能引起的土壤盐渍化、沼泽化和岩溶塌陷等环境水文地质问题。

B.7 矿山开发工程

B.7.1 露天采矿人工降低地下水水位工程对地下水水位、水质、水资源量的影响；

B.7.2 地下采矿排水工程对地下水水位、水质、水资源量的影响；

B.7.3 矿石、矿渣、废石堆放场对土壤、渗滤液对地下水水质的影响；

B.7.4 尾矿库坝下淋渗、渗漏对地下水水质的影响；

B.7.5 矿坑水对地下水水位、水质的影响；

B.7.6 矿山开发工程可能引起的水资源衰竭、岩溶塌陷、地面沉降等环境水文地质问题。

B.8 石油（天然气）开发与储运工程

B.8.1 油田基地采油、炼油排放的生产、生活废水对地下水水质的影响；

B.8.2 石油（天然气）勘探、采油和运输储存（管线输送）过程中的跑、冒、滴、漏油对土壤、地下水水质的影响；

B.8.3 采油井、注水井以及废弃油井、气井套管腐蚀破坏和固井质量问题对地下水水质的影响；

B.8.4 石油（天然气）田开发大量开采地下水引起的区域地下水位下降而产生的环境水文地质问题；

B.8.5 地下储油库工程对地下水水位、水质的问题。

B.9 农业类项目

B.9.1 农田灌溉、农业开发对地下水水位、水质的影响；

B.9.2 污水灌溉和施用农药、化肥对地下水水质的影响；

B.9.3 农业灌溉可能引起的次生沼泽化、盐渍化等环境水文地质问题。

B. 10　线性工程类项目

B. 10. 1　线性工程对其穿越的地下水环境敏感区水位或水质的影响；

B. 10. 2　隧道、洞室等施工及后续排水引起的地下水位下降而产生的环境问题；

B. 10. 3　站场、服务区等排放的污水对地下水水质的影响。

附录 C

（资料性附录）

地下水位变化区域半径的确定

C.1 影响半径的计算公式

常用的地下水水位变化区域半径的计算公式见表 C.1。

排水渠和狭长坑道线性类建设项目的地下水水位变化区域半径是以该工程中心线为中心的影响宽度，其计算公式见表 C.1 中的公式 C.13、C.14、C.15。

表 C.1　影响半径（R）计算公式一览

计算公式		适用条件	备注
潜水	承压水		
$\lg R = \dfrac{S_1(2H-S_1)\lg r_2 - S_2(2H-S_2)\lg r_1}{(S_1-S_2)(2H-S_1-S_2)}$ （C.1）	$\lg R = \dfrac{S_1\lg r_2 - S_2\lg r_1}{S_1-S_2}$ （C.2）	有两个观察完整井抽水时	确定 R 值较可靠的方法之一
$\lg R = \dfrac{S_w(2H-S_w)\lg r_1 - S_1(2H-S_1)\lg r_w}{(S_w-S_1)(2H-S_w-S_1)}$ （C.3）	$\lg R = \dfrac{S_w\lg r_1 - S_1\lg r_w}{S_w-S_1}$ （C.4）	有一个观察孔完整井抽水时	精度较上式差，一般偏大
$\lg R = \dfrac{1.366(2H-S_w)S_w}{Q} + \lg r_w$ （C.5）	$\lg R = \dfrac{2.73K_m S_w}{Q} + \lg r_w$ （C.6）	无观测孔完整井抽水时	同上
$R = 2d$ （C.7）		近地表水体单孔抽水时	可得出足够精确的 R 值
$R = 2S\sqrt{HK}$ （C.8）		计算松散含水层井群或基坑矿山巷道抽水初期的 R 值	对直径很大的井群和单井算出的 R 值过大；计算矿坑基坑 R 值偏小
	$R = 10S\sqrt{K}$ （C.9）	计算承压水抽水初期的 R 值	得出的 R 值为概略值

续表

计算公式		适用条件	备注
潜水	承压水		
$R = \sqrt{\dfrac{aK}{\mu}(H - 0.5 S_w)\, t}$ $a = 2.25 - 4.0$ (C.11)	$R = \sqrt{a\alpha t}$ $a = 2.25 - \pi$ (C.12)	含水层缺乏补给时,根据单孔非稳定抽水试验确定影响半径	a 为系数,固定流量抽水时取小值;固定水位抽水时为大值
$R = 1.73\sqrt{\dfrac{KHt}{\mu}}$ (C.13)		含水层没有补给时,确定排水渠的影响宽度	得出近似的影响宽度值
$R = H\sqrt{\dfrac{K}{2W}}\left[1 - \exp\left(\dfrac{-6Wt}{\mu H}\right)\right]$ (C.14)		含水层有大气降水补供时,确定排水渠的影响宽度	
	$R = a\sqrt{at} = 1.1 \sim 1.7$ (C.15)	确定承压含水层中狭长坑道的影响宽度	a 为系数,取决于抽水状态

表中:

S——水位降深,m;

H——潜水含水层厚度,m;

R——观测井井径,m;

S_w——抽水井中水位降深,m;

r_w——抽水井半径,m;

K——含水层渗透系数,m/d;

m——承压含水层厚度,m;

d——地表水距抽水井距离,m;

μ——重力给水度,无量纲;

W——降水补给强度,m/d。

C.2　影响半径的经验数值

建设项目引起的地下水水位变化区域半径可根据包气带的岩性或涌水量进行判定,影响半径的经验数值见表 C.2 或表 C.3。当根据含水层岩性和涌水量所判定的影响半径不一致时,取两者中的较大值。

表 C.2 孔隙含水层的影响半径经验值

岩性名称	主要颗粒粒径（毫米）	影响半径（米）
粉砂	0.05 ~ 0.1	50
细砂	0.1 ~ 0.25	100
中砂	0.25 ~ 0.5	200
粗砂	0.5 ~ 1.0	400
极粗砂	1.0 ~ 2.0	500
小砾	2.0 ~ 3.0	600
中砾	3.0 ~ 5.0	1500
大砾	5.0 ~ 10.0	3000

表 C.3 单位涌水量的影响半径经验值

单位涌水量（升/秒米）	影响半径（米）	单位涌水量（升/秒米）	影响半径（米）
>2.0	>300	0.5 ~ 0.33	50
2.0 ~ 1.0	300	0.33 ~ 0.2	25
1.0 ~ 0.5	100	<0.2	10

C.3 图解法确定影响半径

在直角坐标上，将抽水孔与分布在同一条直线上的各观察孔的同一时刻所测得的水位连接起来，沿曲线趋势延长，与抽水前的静止水位线相交，该交点至抽水孔的距离即为影响半径（见图 C.1）。在观测孔较多时，用图解法确定影响半径值最为精确。

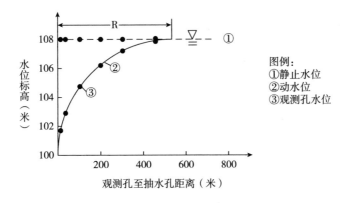

图 C.1 图解法确定影响半径示意

C.4 引用半径（r_0）与引用影响半径（R_0）

利用"大井法"预测矿坑涌水量及引水建筑工程涌水量时，对于不同几何图形的矿坑和不同排列的供水井群，可采用表 C.4 中的公式计算引用半径（r_0）。

表 C.4 确定引用半径（r_0）的公式

矿坑或井群平面图形		r_0 表达式	说明
	矩形	(C.16)	η 值查表 C.5 确定。当 $a/b \geqslant 10$ 时，$r_0 = 0.25a$
	正方形	(C.17)	
	菱形	(C.18)	η 值查表 C.6 确定
	椭圆形	(C.19)	
	不规则的圆形	(C.20)	F：基坑面积，m^2；$(a/b) < 2\sim3$ 时适用
	不规则的多边形	$r_0 = \dfrac{P}{2\pi}$ 或 $r_0 = \sqrt[2n]{l_1 l_2 \cdots l_{2n}}$ (C.21)	P——多边形周长，m；l_1，l_2，…，l_n——多边形顶及其边中点至重心的距离，m；n——多边形顶角数

表 C.5　矩形矿坑或井群 η 值

b/a	0	0.05	0.1	0.2	0.3	0.4	0.5	≥0.6
η	1.00	1.05	1.08	1.12	1.144	1.16	1.174	1.18

表 C.6　菱形矿坑或井群 η 值

θ	0°	18°	36°	54°	72°	90°
η	1.00	1.06	1.11	1.15	1.17	1.18

　　不同水文地质条件及不同排水（或集水）工程形状的引用影响半径（R_0），其确定方法见表 C.7。

表 C.7　确定引用影响半径（R_0）的方法

示意图	适用条件	R_0 表达式
	矿坑所在含水层呈均质无限分布，自然水位近于水平时	$R_0 = R + r_0$　　　（C.22）
	含水层各项均质，位于河旁的近似圆形矿坑	$R_0 = 2d$　　　（C.23） d——矿坑中心至河岸距离，m
	含水层各项均质，位于河旁的近似圆形矿坑	（C.24） dcp——各剖面线间矿坑边界与地表水体间的平均距离，m； l——相邻二剖面间的垂直距离，m。

示意图	适用条件	R_0 表达式
	矿坑各方向岩层呈非均质时，降落漏斗形状复杂，应首先计算出各不同渗透段内的影响半径，然后求出平均值	$R_{cp} = \dfrac{\sum\limits_{1}^{n} R_l}{n}$ 或 $R_0 = \dfrac{R}{2\pi} + r_0$ （C.25） P——降落漏斗周长，m； R_l——各渗透段内的影响半径，m。

附录 D

（资料性附录）

废水入渗量计算公式

常用的污染场地废水入渗量计算公式见表 D.1。

表 D.1 废水入渗量计算公式

序号	污染源类型	入渗量计算式	备注	符号
1	渗坑或渗井	$Q_0 = q \cdot \beta$		Q_0——入渗量，m^3/d 或 m^3/a； Q——渗坑或渗井污水排放量，m^3/d 或 m^3/a； β——渗坑或渗井底部包气带的垂向入渗系数； $Q_{上游}$——上游断面流量，m^3/d 或 m^3/a； $Q_{下游}$——下游断面流量，m^3/d 或 m^3/a； α——降水入渗补给系数； F——固体废物渣场渗水面积，m^2； X——降水量，mm； Q_g——实际处理水量，m^3/a
2	排污渠或河流	$Q_0 = Q_{上游} - Q_{下游}$		
3	固体废物填埋场	$Q_0 = aFZ \cdot 10^{-3}$	如无地下水动态观测资料，入渗系可取经验值	
4	污水土地处理	$Q_0 = \beta \cdot Q_g$	β：经验值 0.10～0.92	

附录 E

（资料性附录）

环境水文地质试验方法简介

E.1 抽水试验

抽水试验：目的是确定含水层的导水系数、渗透系数、给水度、影响半径等水文地质参数，也可以通过抽水试验查明某些水文地质条件，如地表水与地下水之间及含水层之间的水力联系，以及边界性质和强径流带位置等。

根据要解决的问题，可以进行不同规模和方式的抽水试验。单孔抽水试验只用一个井抽水，不另设置观测孔，取得的资料精度较差；多孔抽水试验是用一个主孔抽水，同时配置若干个监测水位变化的观测孔，以取得比较准确的水文地质参数；群井抽水试验是在某一范围内用大量生产井同时长期抽水，以查明群井采水量与区域水位下降的关系，求得可靠的水文地质参数。

为确定水文地质参数而进行的抽水试验，有稳定流抽水和非稳定流抽水两类。前者要求试验终了以前抽水流量及抽水影响范围内的地下水位达到稳定不变。后者则只要求抽水流量保持定值而水位不一定到达稳定，或保持一定的水位降深而允许流量变化。具体的试验方法可参见《供水水文地质勘察规范》（GB50027）。

E.2 注水试验

注水试验：目的与抽水试验相同。当钻孔中地下水位埋藏很深或试验层透水不含水时，可用注水试验代替抽水试验，近似地测定该岩层的渗透系数。在研究地下水人工补给或废水地下处置时，常需进行钻孔注水试验。注水试验时可向井内定流量注水，抬高井中水位，待水位稳定并延续到一定时间后，可停止注水，观测恢复水位。

由于注水试验常常是在不具备抽水试验条件下进行的，故注水井在钻进结束后，一般都难以进行洗井（孔内无水或未准备洗井设备）。因此，用注水试验方法求得的岩层渗透系数往往比抽水试验求得的值小得多。

E.3 渗水试验

渗水试验：目的是测定包气带渗透性能及防污性能。渗水试验是一种在野外现场测定包气带土层垂向渗透系数的简易方法，在研究大气降水、灌溉水、渠水等对地下水的补给时，常需要进行此种试验。

试验时在试验层中开挖一个截面积 $0.3 \sim 0.5\text{m}^2$ 的方形或圆形试坑，不断将水注入坑中，并使坑底的水层厚度保持一定（一般为 10cm 厚），当单位时间注入水量（包气带岩层的渗透流量）保持稳定时，可根据达西渗透定律计算出包气带土层的渗透系数。

E.4　浸溶试验

浸溶试验：目的是查明固体废弃物受雨水淋滤或在水中浸泡时，其中的有害成分转移到水中，对水体环境直接形成的污染或通过地层渗漏对地下水造成的间接影响。有关固体废弃物的采样、处理和分析方法，可参照国家环保局发布的《工业固体废弃物有害物特性试验与监测分析方法》中的有关规定执行。

E.5　土柱淋滤试验

土柱淋滤试验：目的是模拟污水的渗入过程，研究污染物在包气带中的吸附、转化、自净机制，确定包气带的防护能力，为评价污水渗漏对地下水水质的影响提供依据。

试验土柱应在评价场地有代表性的包气带地层中采取。通过滤出水水质的测试，分析淋滤试验过程中污染物的迁移、累积等引起地下水水质变化的环境化学效应的机理。

试剂的选取或配制，宜采取评价工程排放的污水做试剂。对于取不到污水的拟建项目，可取生产工艺相同的同类工程污水替代，也可按设计提供的污水成分和浓度配制试剂。如果试验目的是制定污水排放控制标准时，需要配制几种浓度的试剂分别进行试验。

E.6　弥散试验

弥散试验：目的是研究污染物在地下水中运移时其浓度的时空变化规律，并通过试验获得进行地下水环境质量定量评价的弥散参数。

试验可采用示踪剂（如食盐、氯化铵、电解液、荧光染料、放射性同位素[131]I等）进行。试验方法可依据当地水文地质条件、污染源的分布以及污染源同地下水的相互关系确定。一般可采用污染物的天然状态法、附加水头法、连续注水法、脉冲注入法。试验场地应选择在对地质、水文地质条件有足够了解、基本水文地质参数齐全的代表性地区。观测孔布设一般可采用以试验孔为中心"十"

字形剖面，孔距可根据水文地质条件、含水层岩性等考虑，一般可采用5米或10米；也可采用试验孔为中心的同心圆布设方法，同心圆半径可采用3米、5米或8米，在卵砾石含水层中半径一般以7米、15米、30米为宜。试验过程中定时、定深在试验孔和观测孔中取水样，进行水化学分析，确定弥散参数。

E.7 流速试验（连通试验）

流速试验（连通试验）：目的是查明地下水的运动途径、流速、地下河系的联通、延展与分布情况，地表水与地下水的转化关系，以及矿坑涌水的水源与通道等问题。

试验一般是在地下水的水平运动为主的裂隙、岩溶含水层中进行。可选择有代表性的或已经污染需要进行预测的地段，按照地下水流向布设试验孔与观测孔。试验孔与观测孔数量及孔距，可根据当地的地下水径流条件确定。一般孔距可考虑10～30米，试剂可用染色剂、示踪剂或食盐等。投放试剂前应取得天然状态下水位、水温、水质对照值；在试验孔内投入试剂，在观测孔内定时取样观测，直至观测到最大值为止，计算出地下水流速和其他有关参数。

E.8 地下水含水层储能试验

地下水含水层储能试验：目的是获取地下水含水层温度场参数（如温度增温率、常温层深度、含水层及隔水层比热、热容量、导热系数等）和地下水质场参数（如水温、地下水物理特性、化学成分、电导率等）。

储能试验场的选择应根据评价区地质、水文地质条件、评价等级和实际需要确定。场地应有代表性。试验场的观测设施和采灌工程，一般包括储能井、观测井、专门测温井、土层分层观测标和孔隙水压力观测井、地表水准点等组成。工程布置可采用"十"字形或"米"字形剖面。中心点为储能井，周围按不同距离布置观测井。

附录 F

（资料性附录）
常用地下水评价预测模型

F.1 地下水量均衡法

对于选定的均衡域，在均衡计算期内水量均衡方程见式（F.1）。

$$\sum Q_{补} —— \sum Q_{排} - Q_{开} = \Delta Q \qquad (F.1)$$

式中：

$Q_{开}$——地下水开采总量，m^3/d；

$\sum Q_{补}$——地下水各种补给量之和，m^3/d；

$\sum Q_{排}$——地下水各种排泄量之和，m^3/d；

ΔQ——均衡域内地下水储存量的变化量。对于承压含水层，$\Delta Q = \mu^* F \cdot \Delta H$，对于潜水含水层 $\Delta Q = \mu F \cdot \Delta H$。

式中：F——均衡域面积，m^2；

μ^*——承压含水层释水系数，无量纲；

μ——潜水含水层给水度，无量纲；

ΔH——均衡期内，均衡域地下水水位变幅，m。

均衡期的选择一般选用5年、10年或20年。各均衡要素的选取应根据评价区域内水文地质条件确定。各均衡要素的计算，参见《供水水文地质手册》中的计算方法。

水量均衡法属于集中参数方法，适宜进行区域或流域地下水补给资源量评价。

F.2 地下水流解析法

F.2.1 应用条件

应用地下水流解析法可以给出在各种参数值的情况下渗流区中任何一点上的水位（水头）值。但是，这种方法有很大的局限性，只适用于含水层几何形状规则、方程式简单、边界条件单一的情况。

F.2.2 预测模型

F.2.2.1 稳定运动

F.2.2.1.1 潜水含水层无限边界群井开采情况

$$H_0^2 - h^2 = \frac{1}{\pi k} \sum_{i=1}^{n} \left(Q_i \ln \frac{R_i}{r_i} \right) \tag{F.2}$$

式中：

H_0——潜水含水层初始厚度，m；

h——预测点稳定含水层厚度，m；

k——含水层渗透系数，m/d；

i——开采井编号，从1到n；

Q_i——第i开采井开采量，m^3/d；

r_i——预测点到抽水井i的距离，m；

R_i——第i开采井的影响半径，m。

F.2.2.1.2 承压含水层无限边界群井开采情况

$$s = \sum_{i=1}^{n} \left(\frac{Q_i}{2 \pi T} \cdot \ln \frac{R_i}{r_i} \right) \tag{F.3}$$

式中：

s——预测点水位降深，m；

Q_i——第i开采井开采量，m^3/d；

T——承压含水层的导水系数，m^2/d；

R_i——第i开采井的影响半径，m；

r_i——预测点到抽水井i的距离，m；

i——开采井编号，从1到n。

F.2.2.2 非稳定运动

F.2.2.2.1 潜水情况

$$H_0^2 - h^2 = \frac{1}{2 \pi K} \sum_{i=1}^{n} Q_i W(u_i) \tag{F.4}$$

$$u_i = \frac{r_i^2 \mu}{4 K M t} \tag{F.5}$$

式中：

H_0——潜水含水层初始厚度，m；

h——预测点稳定含水层厚度，m；

k——含水层渗透系数，m/d；

Q_i——第i开采井开采量，m^3/d；

$W(u_i)$——井函数，可通过查表的方式获取井函数的值（《地下水动力学》）；

μ——给水度，无量纲；

i——开采井编号，从 1 到 n；

r_i——预测点到抽水井 i 的距离，m；

$\overline{M}$——含水层平均厚度，m；

t——为自抽水开始到计算时刻的时间；

i——开采井编号，从 1 到 n。

F.2.2.2.2 承压水情况

$$s = \frac{1}{4\pi T}\sum_{i=1}^{n} Q_i W(u_i) \tag{F.6}$$

$$W(u_i) = \int_{u_i}^{\infty} \frac{e^{-y}}{y}\mathrm{d}y \tag{F.7}$$

$$u_i = \frac{\mu^* r_i^2}{4Tt} \tag{F.8}$$

式中：

s——预测点水位降深，m；

T——承压含水层的导水系数，m^2/d；

Q_i——第 i 开采井开采量，m^3/d；

$W(u_i)$——井函数，可通过查表的方式获取井函数的值（《地下水动力学》）；

r_i——预测点到抽水井 i 的距离，m；

i——开采井编号，从 1 到 n；

μ^*——含水层的贮水系数，无量纲。

F.2.2.3 直线边界附近的井群

F.2.2.3.1 直线补给边界

a）承压含水层中的井群

$$s = \frac{1}{2\pi T}\sum_{i=1}^{n} Q_i \cdot \ln\frac{r_{2,i}}{r_{1,i}} \tag{F.9}$$

式中：

s——n 个开采井在计算点处产生的总降深，m；

T——导水系数，m^2/d；

Q_i——第 i 个开采井的抽水量，m^3/d；

$r_{1,i}$——计算点至第 i 个实井的距离，m；

$r_{2,i}$——计算点至第 i 个虚井的距离，m；

n——开采井的总数。

b）潜水含水层中的井群

$$h = \sqrt{H_0^2 - \frac{1}{\pi}\frac{1}{k}\sum_{i=1}^{n} Q_i \ln \frac{r_{2,i}}{r_{1,i}}} \qquad (F.10)$$

式中：

h——计算点处饱水带的厚度，m；

H_0——饱水带的初始厚度，m；

K——渗透系数，m/d。

Q_i——第 i 个开采井的抽水量，m^3/d；

$r_{1,i}$——计算点至第 i 个实井的距离，m；

$r_{2,i}$——计算点至第 i 个虚井的距离，m；

n——开采井的总数。

计算出 h 后，再由 $s = H_0 - h$ 得到降深值。

F.2.2.3.2　直线隔水边界

a）承压含水层中的井群

$$s = 0.366\frac{1}{T}\sum_{i=1}^{n} Q_i \lg \frac{2.25Tt}{r_{1,i} \cdot r_{2,i} \cdot \mu^*} \qquad (F.11)$$

式中：

s——n 个开采井在计算点处产生的总降深，m；

T——导水系数，m^2/d；

Q_i——第 i 个开采井的抽水量，m^3/d；

$r_{1,i}$——计算点至第 i 个实井的距离，m；

$r_{2,i}$——计算点至第 i 个虚井的距离，m；

μ^*——含水层的贮水系数，无量纲；

n——开采井的总数。

b）潜水含水层中的井群

$$s = \sqrt{H_0^2 - 0.732\frac{1}{k}\sum_{i=1}^{n} Q_i \lg \frac{2.25Tt}{r_{1,i} \cdot r_{2,i} \cdot \mu}} \qquad (F.12)$$

式中：

s——预测点水位降深，m；

H_0——饱水带的初始厚度，m；

T——KH_m，K 为渗透系数，H_m 为饱水带的平均厚度；

μ——给水度，无量纲；

Q_i——第 i 个开采井的抽水量，m^3/d；

$r_{1,i}$——计算点至第 i 个实井的距离，m；

$r_{2,i}$——计算点至第 i 个虚井的距离，m；

n——开采井的总数。

F.3　地下水溶质运移解析法

F.3.1　应用条件

求解复杂的水动力弥散方程定解问题非常困难，实际问题中多靠数值方法求解。但可以用解析解对数值解法进行检验和比较，并用解析解去拟合观测资料以求得水动力弥散系数。

F.3.2　预测模型

F.3.2.1　一维稳定流动、一维水动力弥散问题

F.3.2.1.1　一维无限长多孔介质柱体，示踪剂瞬时注入

$$C(x,t) = \frac{\frac{m}{w}}{2n\sqrt{\pi D_L t}} e^{-\frac{(x-ut)^2}{4D_L t}} \tag{F.13}$$

式中：

x——距注入点的距离，m；

t——时间，d；

$C(x,t)$——t 时刻 x 处的示踪剂浓度，mg/L；

m——注入的示踪剂质量，kg；

w——横截面面积，m^2；

u——水流速度，m/d；

n——有效孔隙度，无量纲；

D_L——纵向弥散系数，m^2/d；

π——圆周率。

F.3.2.1.2　一维半无限长多孔介质柱体，一端为定浓度边界

$$\frac{C}{C_0} = \frac{1}{2} erfc\left(\frac{x-ut}{2\sqrt{D_L t}}\right) + \frac{1}{2} e^{\frac{ux}{D_L}} erfc\left(\frac{x+ut}{2\sqrt{D_L t}}\right) \tag{F.14}$$

式中：

x——距注入点的距离；m；

t——时间，d；

C——t 时刻 x 处的示踪剂浓度，mg/L；

C_0——注入的示踪剂浓度，mg/L；

u——水流速度，m/d；

D_L——纵向弥散系数，m²/d；

$erfc(\quad)$——余误差函数（可查《水文地质手册》获得）。

F.3.2.2　一维稳定流动、二维水动力弥散问题

F.3.2.2.1　瞬时注入示踪剂—平面瞬时点源

$$C(x,\ y,\ t)\ =\frac{m_M/M}{4\pi n\sqrt{D_L D_T}t}e^{-\left[\frac{(x-ut)^2}{4D_L t}+\frac{y^2}{4D_T t}\right]} \tag{F.15}$$

式中：

x，y——计算点处的位置坐标；

t——时间，d；

$C(x,\ y,\ t)$——t 时刻点 x，y 处的示踪剂浓度，mg/L；

M——承压含水层的厚度，m；

m_M——长度为 M 的线源瞬时注入的示踪剂质量，kg；

u——水流速度，m/d；

n——有效孔隙度，无量纲；

D_L——纵向弥散系数，m²/d；

D_T——横向 y 方向的弥散系数，m²/d；

π——圆周率。

F.3.2.2.2　连续注入示踪剂—平面连续点源

$$C(x,\ y,\ t)=\frac{m_t}{4\pi Mn\sqrt{D_L D_T}}e^{\frac{xu}{2D_L}}\left[2K_0(\beta)-W(\frac{u^2 t}{4D_L},\ \beta)\right] \tag{F.16}$$

$$\beta=\sqrt{\frac{u^2 x^2}{4D_L^2}+\frac{u^2 y^2}{4D_L D_T}} \tag{F.17}$$

式中：

x，y——计算点处的位置坐标；

t——时间，d；

$C(x,\ y,\ t)$——t 时刻点 x，y 处的示踪剂浓度，mg/L；

M——承压含水层的厚度，m；

m_t——单位时间注入示踪剂的质量，kg/d；

u——水流速度，m/d；

n——有效孔隙度，无量纲；

D_L——纵向弥散系数，m²/d；

D_T——横向 y 方向的弥散系数，m^2/d；

π——圆周率；

$K_0(\beta)$——第二类零阶修正贝塞尔函数（可查《地下水动力学》获得）；

$W\left(\dfrac{u^2 t}{4D_L}, \beta\right)$——第一类越流系统井函数（可查《地下水动力学》获得）。

F.4　地下水数值模型

F.4.1　应用条件

数值法可以解决许多复杂水文地质条件和地下水开发利用条件下的地下水资源评价问题，并可以预测各种开采方案条件下地下水位的变化，即预测各种条件下的地下水状态。但不适用于管道流（如岩溶暗河系统等）的模拟评价。

F.4.2　预测模型

F.4.2.1　地下水水流模型

对于非均质、各向异性、空间三维结构、非稳定地下水流系统：

a）控制方程

$$\mu_s \frac{\partial h}{\partial t} = \frac{\partial}{\partial x}\left(K_x \frac{\partial h}{\partial x}\right) + \frac{\partial}{\partial y}\left(K_y \frac{\partial h}{\partial y}\right) + \frac{\partial}{\partial z}\left(K_z \frac{\partial h}{\partial z}\right) + W \qquad (F.18)$$

式中：

μ_s——贮水率，$1/m$；

h——水位，m；

K_x，K_y，K_z——分别为 x，y，z 方向上的渗透系数，m/d；

t——时间，d；

W——源汇项，$1/d$。

b）初始条件

$$h(x, y, z, t) = h_0(x, y, z) \qquad (x, y, z) \in \Omega, t = 0 \qquad (F.19)$$

式中：

$h_0(x, y, z)$——已知水位分布；

Ω——模型模拟区。

c）边界条件

1）第一类边界

$$h(x, y, z, t)\big|_{\Gamma_1} = h(x, y, z, t) \qquad (x, y, z) \in \Gamma_1, t \geq 0 \qquad (F.20)$$

式中：

Γ_1——一类边界；

$h(x, y, z, t)$ ——一类边界上的已知水位函数。

2）第二类边界

$$k \frac{\partial h}{\partial \vec{n}} \bigg|_{\Gamma_2} = q\ (x,\ y,\ z,\ t)\qquad (x,\ y,\ z)\in\Gamma_2,\ t>0 \tag{F.21}$$

式中：

Γ_2——二类边界；

K——三维空间上的渗透系数张量；

n——边界 Γ_2 的外法线方向；

$q(x,\ y,\ z,\ t)$——二类边界上已知流量函数。

3）第三类边界

$$\left(k\ (h-z)\ \frac{\partial h}{\partial \vec{n}}+\alpha h\right)\bigg|_{\Gamma_3}= q\ (x,\ y,\ z) \tag{F.22}$$

式中：

α——已知函数；

Γ_3——三类边界；

K——三维空间上的渗透系数张量；

N——边界 Γ_3 的外法线方向；

$q(x,\ y,\ z)$——三类边界上已知流量函数。

F.4.2.2　地下水水质模型

水是溶质运移的载体，地下水溶质运移数值模拟应在地下水流场模拟基础上进行。因此，地下地下水溶质运移数值模型包括水流模型（见 F.4.2.1）和溶质运移模型两部分。

a）控制方程

$$R\theta \frac{\partial C}{\partial t}=\frac{\partial}{\partial x_i}\left(\theta D_{ij}\frac{\partial C}{\partial x_j}\right)-\frac{\partial}{\partial x_i}(\theta v_i C)-WC_s-WC-\lambda_1 \theta C-\lambda_2 \rho_b \overline{C} \tag{F.23}$$

式中：

R——迟滞系数，无量纲；$R=1+\dfrac{\rho_b}{\theta}\dfrac{\partial \overline{C}}{\partial C}$；

ρ_b——介质密度，$mg/(dm)^3$；

θ——介质孔隙度，无量纲；

C——组分的浓度，mg/L；

$\overline{C}$——介质骨架吸附的溶质浓度，mg/L；

t——时间，d；

x，y，z——空间位置坐标，m；

D_{ij}——水动力弥散系数张量，m^2/d；

V_i——地下水渗流速度张量，m/d；

W——水流的源和汇，1/d；

C_s——组分的浓度，mg/L；

λ_1——溶解相一级反应速率，1/d；

λ_2——吸附相反应速率，$L/(mg \cdot d)$。

b）初始条件

$$C(x，y，z，t) = c_0(x，y，z) \quad (x，y，z) \in \Omega，t = 0 \tag{F.24}$$

式中：

$c_0(x，y，z)$——已知浓度分布；

Ω——模型模拟区域。

c）定解条件

1）第一类边界——给定浓度边界

$$C(x，y，z，t)\big|_{\Gamma_1} = c(x，y，z，t) \quad (x，y，z) \in \Gamma_1，t \geqslant 0 \tag{F.25}$$

式中：

Γ_1——表示定浓度边界；

$c(x，y，z，t)$——一定浓度边界上的浓度分布。

2）第二类边界——给定弥散通量边界

$$\theta D_{ij} \frac{\partial C}{\partial x_j}\bigg|_{\Gamma_2} = f_i(x，y，z，t) \quad (x，y，z) \in \Gamma_2，t \geqslant 0 \tag{F.26}$$

式中：

Γ_2——通量边界；

$f_i(x，y，z，t)$——边界 Γ_2 上已知的弥散通量函数。

3）第三类边界——给定溶质通量边界

$$\left(\theta D_{ij} \frac{\partial C}{\partial x_j} - q_i C\right)\bigg|_{\Gamma_3} = g_i(x，y，z，t) \quad (x，y，z) \in \Gamma_3，t \geqslant 0 \tag{F.27}$$

式中：

Γ_3——混合边界；

$g_i(x，y，z，t)$——Γ_3 上已知的对流—弥散总的通量函数。